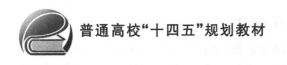

普通高校"十四五"规划教材

U0167974

智能家居系统开发实践

主　编　聂小燕　王　珂
副主编　郑　涛　唐　骞　廖小芳

北京航空航天大学出版社

内 容 简 介

本书围绕着"开发一套智能家居系统"展开,内容包括智能家居系统的基本定义、特点、标准等理论知识,以及具体的智能家居系统开发所涉及的相关技术,如解决方案、设计构思、开发细节、开发技能、开发过程等。全书共分 10 章。第 1、2 章介绍智能家居的概念、产品及 ZigBee3.0 关键技术。第 3、4 章详细介绍智能家居嵌入式开发方案和基于 ZigBee3.0 的软硬件开发环境搭建。第 5~9 章是家庭常用智能家居产品的开发实例。第 10 章给出智能家居全套解决方案,包含网关和控制等关键技术。本书由浅入深地帮助读者了解并掌握整个智能家居系统的开发流程,并完成智能家居产品的开发。

本书可作为普通高等院校电子等相关专业的教材,同时也适合智能家居开发设计人员、研发人员,以及智能家居爱好者阅读。

图书在版编目(CIP)数据

智能家居系统开发实践 / 聂小燕,王珂主编. -- 北
京 : 北京航空航天大学出版社,2024.2
ISBN 978 - 7 - 5124 - 4284 - 9

Ⅰ. ①智… Ⅱ. ①聂… ②王… Ⅲ. ①住宅-智能化
建筑-系统开发 Ⅳ. ①TU241-39

中国国家版本馆 CIP 数据核字(2024)第 020569 号

智能家居系统开发实践
主 编 聂小燕 王 珂
副主编 郑 涛 唐 骞 廖小芳
策划编辑 董立娟 责任编辑 王 实
*
北京航空航天大学出版社出版发行

北京市海淀区学院路 37 号(邮编 100191) http://www.buaapress.com.cn
发行部电话:(010)82317024 传真:(010)82328026
读者信箱: emsbook@buaacm.com.cn 邮购电话:(010)82316936
北京凌奇印刷有限责任公司印装 各地书店经销
*
开本:710×1 000 1/16 印张:13.5 字数:304 千字
2024 年 2 月第 1 版 2024 年 2 月第 1 次印刷 印数:1 000 册
ISBN 978 - 7 - 5124 - 4284 - 9 定价:49.00 元

前　言

物联网既是一项综合性技术，又是一项面向工程应用方面的技术，它集传感器技术、嵌入式技术、网络技术、云计算和大数据等多项技术于一身。随着物联网的发展和科学技术的不断进步，物联网的开发也在不断地更新换代。从 ZigBee2006 到 ZigBee3.0，从 C51 到 Cortex，从 BLE 到 BLE Mesh，作为物联网的典型应用——智能家居的开发技术也在不断地更新。本书围绕着"开发一套智能家居系统"展开，从智能家居系统的基本定义、特点、标准等理论知识，到具体的智能家居系统开发所涉及的相关技术，如解决方案、设计构思、开发细节、开发技能、开发过程等，使读者能够由浅入深地了解并掌握整个智能家居系统的开发流程，并完成智能家居产品的开发。

目前，市场上关于智能家居开发类的书籍偏少。本书以 ZigBee3.0 技术为核心，引导读者快速搭建应用开发环境，针对智能家居的典型产品进行应用开发实践；让读者在各种 ZigBee3.0 无线网络应用项目的实际开发中，理解 ZigBee 协议栈源码，并将自己未来的各种应用和 ZigBee 协议栈结合在一起，从而对智能家居开发技术、方案和过程有更深入的理解，以达到快速掌握并驾驭 ZigBee3.0 技术的目的。

本书内容丰富、取材新颖、图文并茂、叙述详尽清晰、工程性强，有利于培养学生综合分析、创新开发和工程设计能力。

本书在编写过程中，与天诚智能集团的众多智能家居工程师和电子科技大学成都学院物联网专业骨干教师一起，结合智能家居工程师的开发经验及教师的教学经验，就书籍的内容、知识点的难易程度、讲课的方式等进行了深入的探讨和研究，使教材内容符合教学要求和学生的学习习惯。

本书第 1 章由聂小燕编写，第 2 章由胡普庆编写，第 3 章由王珂编写，第 4 章和第 8 章由郑涛编写，第 5 章和第 9 章由唐骞编写，第 6 章和第 7 章由廖小芳编写，第 10 章由周银祥编写，聂小燕和许宣伟负责全书编写的组织工作，由王珂、唐骞、郑涛负责全书的校对工作。天诚智能集团成都百微电子开发有限公司周柏宏负责全书的审阅，为本书的编写工作提供了很大的支持，提出了很多宝贵的修改意见，在此表示衷心的感谢。另外，向在本书编写过程中所参考的优秀文献的作者致以诚挚的谢意。

鉴于编者水平有限及写作时间短促，书中若有不妥之处敬请指正。

编　者

2023 年 9 月

目　　录

第 1 章

智能家居系统基础

物联网是什么？智能家居由哪些组成部分？涉及哪些关键技术？本章将通过对当前市场上智能家居系统中技术框架的介绍，使读者对当前环境下的智能家居有一个较为清晰的认识，对智能家居系统中的技术有足够的了解，并更加明确未来的学习重点与学习道路。

【教学目的】

➢ 了解物联网与智能家居的关系。

➢ 了解智能家居的发展历史。

➢ 掌握当前市场上物联网与智能家居系统的技术框架。

1.1 物联网与智能家居

1.1.1 物联网的概念与历史

1999 年，美国麻省理工学院的凯文·阿什顿（Kevin Ashton）教授首次提出物联网（IoT，Internet of Things）的概念。同年，他在麻省理工学院领导建立了"自动识别中心（Auto-ID）"，并提出"万物皆可通过网络互联"，阐明了物联网的基本含义。

经过多年的技术和应用的发展，物联网的内涵已经发生了较大变化。如今的物联网即"万物相连的互联网"，是在互联网基础上的延伸和扩展的网络，是将各种信息传感设备与互联网结合起来而形成的一个巨大网络，能够实现在任何时间、任何地点，人、机、物的互联互通。

1.1.2 物联网在我国的发展

我国的物联网相关技术研究起步较早，早在 1999 年物联网早期概念成形时，中科院便已经有相关的研究，并取得了一些初步成果，只是此时国内称之为"传感网"。

及至 2009 年 8 月，时任总理温家宝提出"感知中国"以后，物联网被正式列为国家五大新兴战略性产业之一，并写入政府工作报告，其后更是多次在全国层面上推出多种政策来推动、鼓励物联网在中国的发展，使其受到全社会的极大关注，其受关注程度是美国、欧盟以及其他各国无法比拟的。

中国物联网产业发展至今，大致经历了几个阶段：

第一阶段：智能消费产品的涌现

2012—2015 年，消费类物联网产品一夜爆发，过后却慢慢消退。在物联网概念出来之后，很多人非常兴奋，再加上移动互联网的兴起，物联网创业者自然而然地将目标瞄向消费级市场，在 500 亿台甚至 1 000 亿台设备连接诱惑之下，众多企业与个人纷纷投入了智能产品的大军中。

包括智能灯泡、智能插座、智能水壶、智能电饭煲等在内的各种智能产品出现在市场上，大致思路就是将传统硬件产品，加上 Wi-Fi、蓝牙、ZigBee 等无线技术，再结合 App 进行控制。当然，这个阶段，还涌现了很多云平台初创企业。

这股热潮来得快，去得也快，因为产品的稳定性与用户体验还存在问题，再加上价格比较高，对于消费者来说性价比不高，从而使市场的认可度比较低。

并不是消费级市场没有机会，而是消费级市场需要找到应用场景，需要跑通商业模式，当然，也需要有稳定的技术团队对产品进行长期的更新迭代，但市场上依然有一批做消费级物联网产品的企业经受住了市场的考验。

第二阶段：底层技术完善

第一阶段热度过了之后，很多人反思，物联网在市场上认可程度不高的一个重要原因就是技术还没有实质性的突破，因此，到第二阶段，物联网就需要在技术层面上相比于原有的技术有所突破才行。

此时就涌现了各种各样的针对物联网的技术，比如 NB-IoT、LoRa 等新型的传输技术，AI 算法、智能语音技术得到普及，边缘计算/智能计算等计算存储技术也走上前台，传感器产品也更加地智能化，具有更多的功能。

第三阶段：行业级应用的兴起

完成技术突破之后，就需要进行商用验证，在经过多年的市场选择之后，物联网的应用逐渐从早期的消费级应用向企业级应用发展。

这主要是因为：第一，物联网应用碎片化，单一企业很难通吃，往往以项目形式进行应用落地，这更适合企业级的应用；第二，企业级应用有更好的商业模式，可以更好地维持企业自身的发展。

当然，当产业成熟之后，物联网依然会走进消费级应用。

如今，物联网在我国拥有庞大的市场，不仅是因为拥有一系列产业政策扶持，更是因为物联网符合我国国情，是我国建设网络强国、数字中国、智慧社会的重要基石。也因此，物联网在我国拥有巨大的发展前景和创业就业机会。

1.1.3　物联网的应用领域

物联网是一个非常开放、非常能容纳新事物的领域，只要能接入互联网并上传信息或者受远端设备控制的，都能纳入物联网体系中，因此随着技术的进步以及各种奇思妙想的实现，越来越多的新产品、新行业被纳入物联网概念中来，物联网的边界与应用领域正在不断被拓宽，不断在发展。

如今,智能交通、智慧能源、智能医疗、智能家居、智慧建筑、智能安防、智能零售、智慧农业、智能制造、智慧物流已经逐步形成为物联网的十大应用领域,如图 1-1 所示。这些应用领域已经拥有多种成熟的产品与应用,极大地促进了社会的发展和物联网行业的发展,也为物联网行业提供了更多的就业岗位与就业机会,吸纳更多的人才来促进物联网行业的发展,形成正向循环。

来源:亿欧智库《2018 中国物联网应用研究报告》。

图 1-1　物联网产业的十大应用领域

1.1.4　物联网与智能家居

在物联网的众多应用领域中,智能家居是物联网体系中较早诞生的概念和应用领域。2000 年以后,伴随着社会经济发展水平和大众消费水平的快速提高,人们对于生活质量特别是日常生活中的各类细节质量提出了越来越高的要求,品质生活逐渐成为一种流行趋势。基于这样的需求,智能家居的概念被提了出来。当然,智能家居的出现还要追溯到更早的时候,例如比尔•盖茨在 1995 年出版的《未来之路》一书中就有所描述,甚至在更早的时候,就有公司、个人对智能家居、智能生活的系统性进行了构思与畅想,只是在当时,没有得以成形、普及的条件。

如今,智能家居(Smart Home)是物联网在家庭范围应用的一种,泛指以住宅为平台,利用综合布线技术、网络通信技术、安全防范技术、自动控制技术、音视频技术将家居生活有关的设施进行集成,构建的高效住宅设施设备与家庭日程事务的管理系统。

通过各种不同的智能化终端、有联网和智能化功能的家用电器以及专门的应用设备等各类不同设备,智能家居技术使人们的居住体验得到了极大的改善,使普通住宅在功能性、舒适性上得到了巨大的强化。智能化生活工作助理、家庭自动影音娱乐中心、智能生活等功能开始以家居住宅为载体越来越多地呈现出来,提升了家居的便利性、舒适性、艺术性、安全性,极大地方便了人们的生活。

1.2 智能家居技术框架

1.2.1 智能家居的关键技术

由于智能家居产业属于物联网产业的一个部分,因此智能家居技术框架也与物联网技术框架基本相同。目前在物联网业界,物联网体系架构公认的有三个层次:底层是用来感知信息、获取数据的感知层,中间层是数据传输、信息传递的网络层(也称为传输层),最上层则是物联网具体应用与实现的应用层,如图1-2所示。

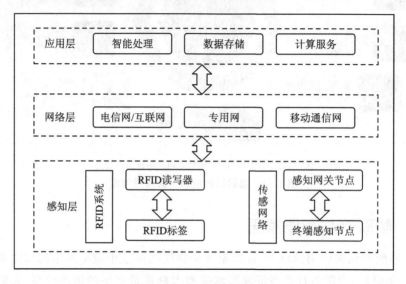

图1-2 物联网体系架构

智能家居的技术框架也基本符合该框架,一个完整的智能家居系统与应用,其各个部分均可以分解至三个层级中。

注: 在部分四层物联网技术框架中,传输层到网络层中还有一层平台层,平台层在这一结构中起承上启下的作用,实现了对底层终端设备的"管、控、营"一体化,为上层提供应用开发和统一接口。

1. 感知层

顾名思义,感知层的作用主要用于感知智能家居周边的环境信息。感知层是由多种不同功能的传感设备组成的,如温度传感器、湿度传感器、亮度传感器等,不同的传感设备应用于不同用途的智能家居上,带来不一样的功能。例如,温湿度传感器的主要用途在于实时监控室内温湿度,传统的家用空调会在出风口处设置温湿度传感器,并在温湿度过高或过低的情况下自动对空调设备进行调整,但由于其距离出风口较近,实际的调整效果相对较差,无法满足人体感受的基本需求。因此,智能家居可以在不同的区域设置多个温湿度传感器,当室内存在多个温湿度时,智能空调系统的运行就不会受单一温湿度传感器的影响,而是在综合室内整体温湿度以及室外温湿度的情况下进行运行调整,从而大大提升了舒适程度。此外,还有燃气传感器,一般会将其设置在厨房中,其目的是监测燃气管道,避免出现燃气泄漏情况。当燃气传感器判定燃气管道泄漏时,会自动向用户出发警告,并配合其他传感器自动关闸,等等。

随着智能化技术的应用范围不断扩大,智能家居中的传感层所涵盖的范围基本包括了日常生活的全部环节,如家庭灯光系统、家庭安全系统等,其对于改善人民群众的生活方式起到了积极的促进作用。

除了各类传感器外,这一层里也存在广泛的执行器,可以响应从传输层转发来的数字信号(执行器可以将数字信号转换为模拟信号)。伴随着物联网产业的快速发展,对新型传感器、芯片的需求逐渐增大,因此对其尺寸和功耗提出了更高的要求。而微控制单元(Micro Control Unit,MCU)和微机电系统(Micro-Electro-Mechanical System,MEMS)由于高性能、低功耗和高集成度的优势得到了全面发展,成为感知层除传感器外最重要的两项技术。

2. 网络层

网络层也可以称为传输层,从本质上来看,智能家居系统的应用离不开互联网技术的普及,为确保其能够充分实现自身价值,就必须针对智能家居系统的运行需求为其配备相应的网络系统。

物联网的网络层主要负责传递和处理感知层获取的信息。根据其物理传输方式分为有线传输和无线传输两大类,智能家居就是物联网无线传输方式的主要应用,也是本书所讨论、学习的重点。

无线传输技术按照其传输距离可以划分为两类:一类是以 ZigBee、Wi-Fi、蓝牙为代表的短距离传输技术,即局域网通信技术;另一类则是以窄带物联网(Narrow Band Internet of Things,NB-IoT)、增强机器类通信(enhanced Machine-Type of Communication,eMTC)、LoRa、Sigfox 等技术为代表的低功耗广域网(Low-Power Wide-Area Network,LPWAN),即低功耗广域网通信技术,如表 1-1 所列。

表 1-1　无线传输方案对比(部分)

类别	通信技术	传输速度	优点	缺点
局域网	ZigBee	20～250 kb/s	低功耗,自组网,可靠	传输范围较小,速率低
	Wi-Fi	11～54 Mb/s	传输速度快,距离远,普及面大,设备可以无缝接入家庭中	稳定性弱,功耗大,成本较高,并且可连接的设备很有限
	蓝牙	1 Mb/s	低功耗,低延迟,相对可靠	速度较慢,网络节点较少

类 别	通信技术	传输速度	优 点	缺 点
广域网	NB-IoT	<200 kb/s	功耗低,成本低,覆盖广,部署方便	对运营商、基站设施有强依赖
	LoRa	<10 kb/s	功耗低,成本低,允许私有网络	覆盖小,频谱未授权
	eMTC	<1.4 Mb/s	功耗低,成本低,速率高,支持语音	相对 NB 成本较高
	Sigfox	<100 b/s	功耗低,成本低	频谱未授权

来源:公开资料整理。

3. 应用层

应用层是物联网的最终实现目标,其核心功能围绕两个方面:数据与应用。仅仅直接的管理和处理数据还远远不够,必须将这些数据进行有机的处理,并与各行业应用相结合,形成为政府、企业、消费者群体服务的多样化物联网应用,才能真正创造价值。将庞大的数据进行处理与整合就涉及大数据、云计算、实时系统等多项技术,要根据具体应用的不同,采用不同的技术来完善整个技术应用框架。

诸如物流机器人、智能厨房、自动驾驶、智慧办公等诸多应用正是应用层的具体表现,而前面文中提到的智能交通、智慧能源、智能医疗、智能家居、智慧建筑、智能安防、智能零售、智慧农业、智能制造、智慧物流这十大应用领域正是在当前物联网市场最受关注与看好的,汇聚了成千上方的完整应用。

物联网技术框架三个层面的技术涉及面广,从硬件设计到传感器设计,到数据分析、App 设计,但大体上仍可以分为四个层次:感知技术、传输技术、支撑技术、应用技术。

- 感知技术为能够用于物联网底层感知信息的技术。它包括射频识别(RFID)技术、传感器技术、GPS 定位技术、多媒体信息采集技术及二维码技术等。
- 传输技术能够汇聚感知数据,并实现物联网数据传输。它包括互联网、移动通信网、无线网络、卫星通信、短距离无线通信等。
- 支撑技术则为用于物联网数据处理和利用的技术。它包括嵌入式系统、云计算技术、人工智能技术、大数据库与机器学习技术、分布式并行计算和多媒体与虚拟现实技术等。
- 应用技术是用于直接支持物联网应用系统运行的技术。典型的有专家系统、系统集成、编解码等技术。

1.2.2 短距离无线传输方案的横向比较

随着物联网产业的发展,智能产品种类越来越多,运用在智能家居上的技术也越来越成熟。短距离无线传输方案常用的三种通信技术是:ZigBee、Wi-Fi、蓝牙。因为市场过于庞大,而各项技术各有优缺点,历经多次博弈,其短距离无线传输市场一直无法做到统一标准,而从目前的情况来看,短期内是无法实现这一愿景了。但是在这些不同的技术与标准中,随着时间的推移,不同技术的市场份额落差逐渐加大,优势技术的趋势已经渐渐明显。

1. 蓝　牙

蓝牙技术是一种无线数据与语音通信的开放性全球规范,它以低成本的近距离无线连接为基础,为固定和移动设备通信环境建立一个特别连接。

蓝牙设备是蓝牙技术应用的主要载体,常见蓝牙设备有电脑、手机等。可以说,蓝牙是人们日常生活中最早接触的物联网无线传输技术。

蓝牙技术利用短距离、低成本的无线连接在一定程度上取代了有线连接,得以在手机等 3C 设备上迅速普及,并且蓝牙技术中使用的跳频技术使得蓝牙系统具有足够高的安全性和抗干扰能力,且硬件设备简单、性能优越。

但是蓝牙技术组网能力差,网络节点少,不适合多点布控的特点也阻碍了蓝牙技术在物联网市场的进一步发展。直到 2015 年,物联网市场的繁荣使得蓝牙在智能家居领域年复合增长率超过 232%,蓝牙技术联盟宣布,智能家居市场列为 2015 年主攻的方向,并成立智能 Mesh 研究小组,重设并改进蓝牙的组网功能,强化蓝牙技术的智能家居应用场景,以及之后迎来的蓝牙 5.0 时代,如图 1-3 所示。

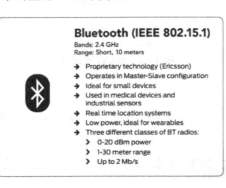

来源:iBwave 公司。

图 1-3　蓝牙技术特性

2. Wi-Fi

Wi-Fi 是 Wi-Fi 联盟制造商的商标,并作为产品的品牌认证,是一个创建于 IEEE 802.11 标准的无线局域网技术。基于两套系统的密切相关,也常有人把 Wi-Fi 当作 IEEE 802.11 标准的同义术语。

由于移动时代的到来,Wi-Fi 可以说是大部分个人用户使用频率最高的无线传输技术之一,也是目前传输速度最快的短距离无线传输技术,在目前的生活中非常普及。使用 Wi-Fi 技术的智能家居设备的安装过程也非常独立、方便,只需要购买设备连上家中的 Wi-Fi 网络就能使用,因此传输速度快、安装使用方便等特性使 Wi-Fi 技术在智能家居产品的应用非常广泛,占据了大块市场。

但 Wi-Fi 技术也有缺点,安全性差、功耗大、硬件资源消耗大等也限制了 Wi-Fi 的使用场景与发展。其加密方式为 SSID,由于它是一个相对开放式的结构,导致 Wi-Fi

密码相对容易被破解,设备易被不法分子控制,带来了极大的安全隐患。Wi-Fi 技术功耗大的缺点也导致了其技术很难应用在一些小型移动设备上,或是需要长时间待机的设备上,如无线开关、智能门锁等设备就不适用。Wi-Fi 技术普遍应用场景为入网使用,但是其硬件资源消耗大的缺点导致普通的路由器一般只能支持15～20 个设备同时在线使用,这个缺点限制了 Wi-Fi 在组网上的功能,也限制了其在智能家居系统的发展,因为一个完善的智能家居系统,其设备数量几乎都大于这个数字,如图 1-4 所示。

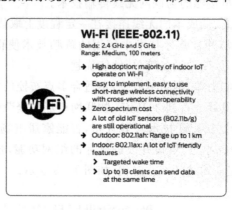

来源:iBwave 公司。

图 1-4　Wi-Fi 技术特性

3. ZigBee

ZigBee,也称紫蜂,是一项问世于 2003 年的新兴无线通信技术,目的在于解决蓝牙、Wi-Fi 在工控上的短板,因此 ZigBee 具有低耗电、低成本、支持大量网上节点、支持多种网上拓扑、低复杂度、快速、可靠、安全等优点,这些先天优势使其在物联网、工控上得到广泛应用。

尤其是在智能家居领域,因为一个完善的智能家居系统包含诸多开关、灯具、插座、智能设备等多种节点,往往数量级能到几十甚至上百个,这是以往的蓝牙、Wi-Fi 技术所不能胜任的,而 ZigBee 可以构建一个能容纳 65 000 个设备的网络,打通智能家居系统中各个设备的壁垒,将它们组合到一个系统中,使设备的控制更加方便,也让整个系统更加稳定可靠。同时,ZigBee 低功耗、低成本的特性也使其技术真正能够大范围地应用在各类智能家居设备节点中。

但是,ZigBee 技术也有缺点,传输速率低使得 ZigBee 技术无法胜任像智能可视门铃、智能摄像头等数据吞吐量较大的设备;同时,早期的 ZigBee 还有容错率、兼容性等问题,各个厂商、公司之间的 ZigBee 设备无法统一。但随着 ZigBee3.0 技术的更新,ZigBee 技术更加完善也更加统一,不仅统一了不同的应用层协议,还完全兼容 IP,这意味着,通过 Wi-Fi 或蜂窝网进行联网的个人计算机和智能手机可以作为指示板,毫不费力地发现并与其他 ZigBee 设备进行通信,使得 ZigBee 兼容性与通用性大大提高,如图 1-5 所示。

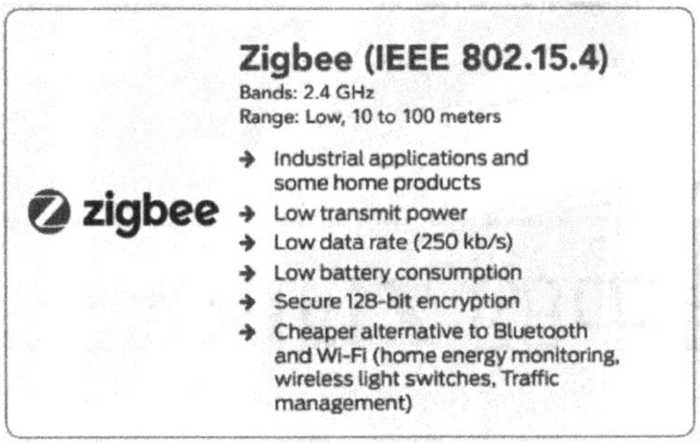

Zigbee (IEEE 802.15.4)
Bands: 2.4 GHz
Range: Low, 10 to 100 meters

➜ Industrial applications and some home products
➜ Low transmit power
➜ Low data rate (250 kb/s)
➜ Low battery consumption
➜ Secure 128-bit encryption
➜ Cheaper alternative to Bluetooth and Wi-Fi (home energy monitoring, wireless light switches, Traffic management)

来源：iBwave 公司。

图 1 - 5　ZigBee 技术特性

1.3　举一反三

1. 常见的智能家居设备有哪些？它们所使用的无线通信技术是什么？
2. 智能家居中的无线通信技术市场能否统一？为什么？

第 **2** 章

智能家居中的 ZigBee

本章详细介绍 ZigBee 的发展史以及技术特性、网络拓扑结构、ZigBee 协议栈体系结构以及 ZigBee 技术的应用及拓展,使读者进一步深入了解 ZigBee 无线网络的关键技术。

【教学目的】
- ➢ ZigBee 的网络拓扑结构、ZigBee 协议栈体系结构。
- ➢ 对 ZigBee 技术进行全面的认识。

2.1 ZigBee 简介

ZigBee 技术是一种结构简单、低成本、低功耗、低速率和高可靠性的短距离无线通信新技术。ZigBee 的 MAC 层、PHY 层是 IEEE 802.15.4 协议。根据这个协议规定的技术是一种近距离、低复杂度、低功耗、低数据速率、低成本的双向无线通信技术,主要适合自动控制和远程控制领域,可以嵌入各种设备中,同时支持地理定位功能。

ZigBee 名称来源于蜜蜂的之字舞,由于蜜蜂(bee)是靠飞翔和"嗡嗡"(zig)抖动翅膀的"舞蹈"来与同伴传递花粉所在方位和远近信息的,也就是蜜蜂依靠这样的方式构成了群体中的通信"网络",因此 ZigBee 的发明者们利用蜜蜂的这种行为来形象地描述这种无线信息传输技术,并用 ZigBee 作为新一代无线通信技术的名称。在此之前,ZigBee 也被称为"HomeRF Lite"、"RF-EasyLink"或"fireFly"无线电技术,目前统称为ZigBee。

2.1.1 ZigBee 的发展历史

1999 年蓝牙(Bluetooth)技术走向应用,但因芯片价格高,功耗高,协议较复杂,厂商支持力度不够,传输距离限制以及抗干扰能力差等特点而发展缓慢,蓝牙技术不适用于要求低成本、低功耗的工业控制和家庭网络。对于工业控制、家庭自动化控制等领域,蓝牙技术过于复杂、功耗过大、距离近、组网规模达不到应用要求等,而工业自动化等领域对无线通信的需求越来越大。因此,对低功耗、低成本的无线网络需求促使了ZigBee 应运而生。

ZigBee 联盟成立于 2001 年 8 月,是一个高速成长的非营利业界组织,成员包括国际著名半导体生产商、技术提供者、技术集成商以及最终使用者。联盟制定了基于 IEEE 802.15.4,具有高可靠、高性价比、低功耗的网络应用规格。ZigBee 联盟的主要目标是通过加入无线网络功能,为消费者提供更富有弹性、更容易使用的电子产品。ZigBee 技术能融入各类电子产品,应用范围横跨全球的民用、商用、公共事业及工业等市场,使得联盟会员可以利用 ZigBee 这个标准化无线网络平台,设计出简单、可靠、便宜又节省电力的各种产品来。

ZigBee 标准的制定:IEEE 802.15.4 的物理层、MAC 层及数据链路层的标准已在 2003 年 5 月发布。ZigBee 网络层、加密层及应用描述层的制定也取得了较大的进展。由于 ZigBee 不仅是 802.15.4 的代名词,而且 IEEE 仅处理低级 MAC 层和物理层协议,因此 ZigBee 联盟对其网络层协议和 API 进行了标准化。完全协议用于一次可直接连接到一个设备的基本节点的 4 KB 或者作为 Hub 或路由器的协调器的 32 KB。每个协调器可连接多达 255 个节点,而几个协调器可形成一个网络,对路由传输的数目没有限制。ZigBee 联盟还开发了安全层,以保证这种便携设备不会意外泄露其标识,而且这种利用网络的远距离传输不会被其他节点获得。

ZigBee 强调设备的互通性:很多近距离电子产品嵌入了 ZigBee 模块都已具有 ZigBee 功能,还有许多种产品预留了 ZigBee 的接口以备日后随时升级。各类网关产品也得到进一步开发,网关产品支持 ZigBee 系统与家居控制网络、智能建筑网络及商用网络等现有的设施互联等。

到目前为止,ZigBee 共公布了四个协议标准,分别为 ZigBee1.0(2004)、ZigBee1.1 (2006)、ZigBee2.0(2013)、ZigBee3.0(2016)。

① ZigBee1.0(2004):2004 年 ZigBee1.0(又称 ZigBee2004)诞生,它是 ZigBee 的第一个规范,这使得 ZigBee 有了自己的发展基本标准。但是由于推出仓促,存在很多不完善的地方,因此在 2006 年进行了标准的修订,推出了 ZigBee1.1(又称 ZigBee2006),但是该协议与 ZigBee1.0 是不兼容的。ZigBee1.1 相较于 ZigBee1.0 做了很多修改,但是 ZigBee1.1 仍无法达到最初的设想,于是在 2007 年再次修订(称为 ZigBee2007/ PRO),能够兼容之前的 ZigBee2006,并且加入了 ZigBee PRO 与 RF4CE (Radio Frequency for Consumer Electronics)这两个应用协定层(Profile Class),应用标准向外扩展,延伸到家庭娱乐与控制、无线感测网络(WSN)、工业控制、嵌入式感测、医疗数据搜集、烟幕与擅闯警示,以及建筑自动化等领域。

② ZigBee2.0(2013):当物联网(IoT)时代来临,2013 年 3 月 28 日,ZigBee 联盟推出 2.0 版,这是 ZigBee 联盟宣布推出的第三套规范 ZigBee IP。ZigBee IP 是第一个基于 IPv6 的全无线网状网解决方案的开放标准,提供无缝互联网连接控制低功耗、低成本设备。ZigBee IP 是专门为支持即将推出的应用标准 ZigBee Smart Energy(智能能源)2.0 而设计的。

③ ZigBee3.0(2016):2016 年 5 月 12 日,ZigBee 联盟联合 ZigBee 中国成员组面向亚洲市场正式推出 ZigBee3.0 标准。ZigBee3.0 基于 IEEE 802.15.4 标准,工作频率为 2.4 GHz(全球通用频率),使用 ZigBee PRO 网络,由 ZigBee 联盟市场领先的无线

标准统一起来,是第一个统一、开放和完整的无线物联网产品开发解决方案。

2.1.2 ZigBee 的技术特性

ZigBee 的特点主要有以下几个方面:

① 低功耗。在低耗电待机模式下,2 节 5 号干电池可支持 1 个节点工作 6～24 个月,甚至更长。这是 ZigBee 的突出优势。相比较,蓝牙可以工作数周,Wi-Fi 可以工作数小时。

② 低成本。通过大幅简化协议使成本很低(不足蓝牙的 1/10),降低了对通信控制器的要求,按预测分析,以 8051 的 8 位微控制器测算,全功能的主节点需要 32 KB 代码,子功能节点少至 4 KB 代码,而且 ZigBee 的协议专利免费。

③ 低速率。ZigBee 工作在 10～250 kb/s 的通信速率,满足低速率传输数据的应用需求。

④ 有效范围大。可以覆盖的有效范围在 10～75 m 之间,具体与实际工作环境和工作模式有关,基本可以满足普通家庭以及办公室环境的使用要求。在增加 RF 发射功率后,亦可增加到 1～3 km。这指的是相邻节点间的距离。如果通过路由和节点间通信的接力,传输距离可以更远。

⑤ 短时延。ZigBee 的响应速度较快,一般从睡眠转入工作状态只需 15 ms,节点连接进入网络只需 30 ms,进一步节省了电能。相比较,蓝牙需要 3～10 s,Wi-Fi 需要 3 s。

⑥ 高容量。ZigBee 可采用星状、片状和网状网络结构,由一个主节点管理若干子节点,最多一个主节点可管理 254 个子节点;同时主节点还可由上一层网络节点管理,最多可组成 65 000 个节点的大网。

⑦ 高可靠性。采用了 CSMA/CA(碰撞避免)机制,而且为需要固定带宽的通信业务预留了专用的时隙,从而避免了发送数据时可能出现的竞争和冲突;节点模块间有自动动态组网功能,信息在整个 ZigBee 网络中是通过自动路由方式传输的,这样可以保证信息的可靠传输。

⑧ 网络拓扑能力优良。ZigBee 有网络自愈能力,ZigBee 有星状、树状和网状三种网络结构,所以通过 ZigBee 无线网络拓扑可以覆盖很大的区域。

⑨ 工作频段比较灵活。三个工作频段分别为:2.4 GHz(全球,具有 16 个速率为 250 kb/s 的信道)、915 MHz(美国,具有 10 个 40 kb/s 的信道)以及 868 MHz(欧洲,具有 1 个 20 kb/s 的信道),而这些频段均为免执照频段。

2.2 ZigBee 的网络结构

ZigBee 网络中的设备类型有三种:协调器(co-ordinator)、路由器(router)以及终端设备(end device)。

协调器:协调器是一个 ZigBee 网络的第一个设备,或者是一个 ZigBee 网络的启动或建立网络的设备。协调器节点需选择一个信道和唯一的网络标识符(PAN ID),然后开始组建一个网络。协调器设备在网络中还有其他作用,比如建立安全机制、网络中的绑定等。

路由器:需具备数据存储和转发能力以及路由发现的能力。除完成应用任务外,路由器还必须支持其子设备连接、数据转发、路由表维护等功能。

终端设备:结构和功能是最简单的,采用电池供电,大部分时间都处于睡眠状态以节约电量,延长电池的使用寿命。

ZigBee 支持包含主从设备的星状、树簇状和网状网络拓扑,每个网络中都会存在一个唯一的协调器,它相当于有线局域网中的服务器,对本网络进行管理。ZigBee 以独立的节点为依托,通过无线通信组成星状、树簇状或网状网络,因此不同的节点功能可能不同。为了降低成本出现了全功能设备(FFD)和半功能设备(RFD)。FFD 支持所有的网络拓扑,在网络中可以充当任何设备(协调器、路由器及终端节点),而且可以与所有设备进行通信;而 RFD 则在网络中只能作为子节点,不能有自己的子节点(即只能作为终端节点),而且其只能与自己的父节点通信,RFD 功能是 FFD 功能的子集。

ZigBee 设备有两种地址:一种是唯一的 64 位 IEEE 地址(绝对地址),可以使用此 64 位地址在 PAN 中进行通信;另一种是 16 位短地址(相对地址),它是在设备与网络协调器建立连接后,协调器为设备分配的 16 位短地址,此短地址可用来在 PAN 内进行通信。

2.2.1　星状网络拓扑结构

在一个星状拓扑结构网络中存在一个网络协调器以及若干个从设备,如图 2-1 所示。协调器的作用是建立和维护网络,它必须是 FFD,而且一般使用稳定的电源供电,因此不用考虑能耗的问题。从设备可以是 FFD 也可以是 RFD,大部分情况下从设备都是用电池供电的 RFD,它只能与协调器直接通信,如果要与其他设备通信则需要协调器转发。

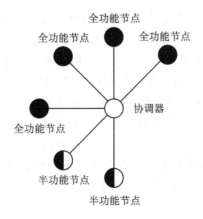

图 2-1　星状网络拓扑图

星状网络拓扑结构简单、容易实现而且管理方便,缺点是节点之间的数据路由只有一个路径,且是唯一的,不适合大规模的复杂网络,而且如果网络中某个节点断开就会影响其他节点的通信,这限制了无线网络的部署范围。实现星形网络拓扑不需要使用ZigBee的网络层协议,因为本身 IEEE 802.15.4 的协议层就已经实现了星形拓扑形式,但是这需要开发者在应用层做更多的工作,包括自己处理信息的转发。

2.2.2 树簇状网络拓扑结构

树簇状网络拓扑结构其实是对星状网络的扩充,它适合于分布范围较大的网络,如图 2-2 所示。图中,在网络最末端的节点成为"叶"节点,即终端设备。若干个"叶"节点与一个 FFD 节点相连接从而形成一个"簇",而若干个"簇"连接就形成了"树",所以称这种拓扑结构为树簇状拓扑结构。树簇状拓扑结构中的大部分设备是 FFD,RFD 只能作为"叶"节点("叶"节点也可以是 FFD)。在树簇状网络中存在一个主协调器,它拥有更多的资源、稳定而且可靠的供电等。

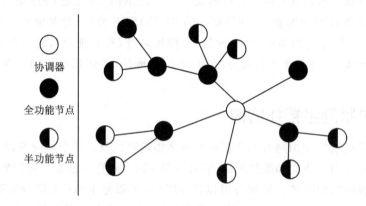

协调器

全功能节点

半功能节点

图 2 - 2 树簇状网络拓扑图

树簇状网络的建立:主协调器启动并建立 PAN 后,先选择一个 PAN 标识符,并把自己的短地址设置成0,然后广播自己的信息,接受其他设备加入网络,建立第一级树,协调器与这些加入网络的设备是父子关系。主协调器会给每个与其建立连接的设备分配一个 16 位短地址。如果设备是作为终端设备接入网络的,则协调器会分配给它一个唯一的 16 位短地址;而如果设备是作为路由器加入网络的,则协调器则会分配给它一个包括若干短地址的地址块。路由器会把自己的信息广播出去,并允许其他设备与其建立连接,成为它的子设备。同样的,这些子设备中也可以存在路由器,这些路由器也可以拥有自己的子设备,这样下去就可以形成复杂的树簇状结构网络。从树簇状网络的形成过程中,我们可以看出,树簇状网络中任何一个节点的故障都会影响到与其相连的子节点。

2.2.3   网状网络拓扑结构/Mesh 拓扑结构

网状网络拓扑结构中也存在着一个协调器,通常是第一个启动并进行通信的节点,如图 2 - 3 所示。但网状网络中的所有节点都是 FFD,所以网络中的任何设备都可以与其通信范围内的其他设备进行通信。在网状拓扑结构网络中传输数据时,可以通过路由器转发,即多条传输,这种结构具有更加灵活的信息路由规则,可以很大程度地提高网络的覆盖范围。

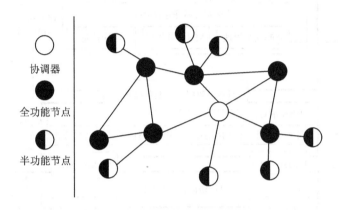

图 2 - 3   网状网络拓扑图

在一些情况下,路由节点之间可以直接通信,这种路由机制使得信息的通信变得更有效率,而且意味着一旦一个路由路径出现了问题,信息可以自动地沿着其他的路由路径进行传输,使整个网络具有一定的自组织、自愈功能。

在支持网状网络的实现上,网络层会提供相应的路由探索功能,这一特性使得网络层可以找到信息传输的最优化路径。需要注意的是,以上所提到的特性都是由网络层来实现的,应用层不需要任何参与。

2.3   ZigBee 协议栈

ZigBee 协议栈由一组子层构成,可以分为四层:物理层(PHY)、媒体访问控制层(MAC)、网络层(NWK)及应用层(APL),每一层都为它的上一层提供特定的服务。IEEE 802.15.4 定义了物理层和媒体访问控制层,ZigBee 联盟则规定了网络层以及应用层。

如图 2 - 4 所示,很多圆角矩形都带有 SAP 的字样。SAP(Service Access Point)的意思就是服务接入点,是协议栈层与层之间的接口,因为协议栈是分层结构,接口就是层与层之间的沟通渠道。每个服务实体通过一个 SAP 为其上层提供服务接口,每个 SAP 提供了丰富的基本服务指令用来实现相应的功能。

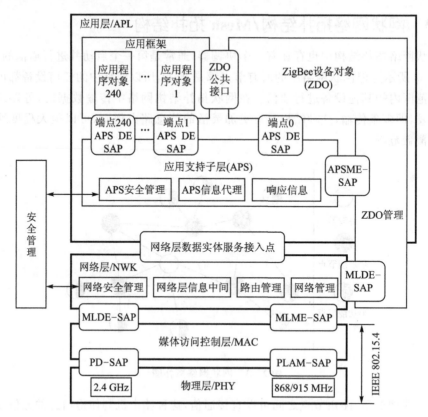

图 2-4 ZigBee 协议栈的图示

2.3.1 物理层

物理层定义了物理无线信道和 MAC 层之间的接口,通过 RF 固件以及 RF 硬件为 MAC 层到 PHY 层无线信道提供接口。PHY 层包含一个物理管理实体(PLME),这个实体通过调用 PHY 层的层管理功能函数,为层管理服务提供接口。同时,PLME 还负责维护物理层所管理的目标数据库(即物理层个人区域网信息数据库,PIB),这个数据库包括了物理层个人区域网络的基本信息。

在物理层中,存在着数据服务接入点以及物理层实体服务接入点,这就意味着通过这两个服务接入点物理层可以提供两种服务,即物理层数据服务(通过物理层数据服务接入点(PD-SAP))、物理层管理服务(通过物理层管理实体(PLME)服务接入点)。

ZigBee 物理层的主要任务:射频发射机的休眠与激活、通信信道选择、数据传输与接收、接收链路质量指示(LQI)、空闲信道评估、检测当前信道的能量。

物理层频率范围:868 MHz/915 MHz 和 2.4 GHz。2.4 GHz 波段射频可以提供 250 kb/s 的数据速率和 16 不同的信道。868 MHz/915 MHz 波段中,868 MHz 支持 1 个数据速率为 20 kb/s 的信道,915 MHz 支持 10 个数据速率为 40 kb/s 的信道。

ZigBee 物理层协议数据单元(PPDU)数据包格式如表 2-1 所示。PPDU 数据包包括:① 同步包头(SHR),它使接收设备保持同步并锁定比特流。② 物理层包头(PHR),包含帧长度信息。③ 物理层净荷,长度可变,携带 MAC 层帧信息。

表 2-1　物理层协议数据单元的结构

4 B	1 B	1 B		变　量
前同步码	帧定界符	帧长度(7 b)	预留位(1 b)	PPDU
同步包头	物理层包头			物理层净荷

前同步码由 32 个二进制 0 组成(即 4 B),射频收发机根据前同步码引入的消息,可以获得码同步与符号同步信息。帧定界符是一个确定的十六进制数 0xE7(1 B),用来表示前同步码结束数据包数据开始。帧长度为 1 B,它表示 PPDU 中包含的字节数。PPDU 长度可变,是用来携带 MAC 层帧信息的,但它可以为空。

2.3.2　MAC 层

ZigBee 技术的 MAC 层处理所有物理层无线信道的接入,其主要功能为:协调器产生网络信标;与信标同步;为设备提供安全支持;采用 CSMA - CA 机制介入信道;为两个对等的实体提供可靠的通信链路;处理并维护保护时隙(GTS)机制;连接的建立与断开。

MAC 层在服务协议汇聚层(SSCS)和物理层之间提供了一个接口。MAC 层包含一个通常称为 MAC 层管理实体(MLME)的管理实体,该实体提供了一个可以调用 MAC 层管理功能的接口,而且它还负责维护 MAC 层固有管理对象的数据库。在 MAC 层中,MAC 通过它的公共部分自增服务接入点为其提供数据服务;通过它的管理实体接入点为其提供管理服务。

这两种服务为 SSCS 层和 PHY 层之间提供了一个接口,此接口通过 PHY 层的 PD - SAP(数据服务接入点)和 PLME - SAP(管理实体服务接入点)来实现。除了这两种外部接口外,还存在一个隐含的接口,MAC 层的管理实体可以通过这个接口实现 MAC 的数据服务。

如表 2-2 所列,MAC 帧结构即 MAC 层协议数据单元由以下部分组成:

表 2-2　MAC 层帧结构

2 B	1 B	0 B/2 B	0 B/2 B/8 B	0 B/2 B	0 B/2 B/8 B	可　变	2 B
帧控制	序列号	目的 PAN 标识符	目的地址	源 PAN 标识符	源地址	帧载荷	FCS
		地址域					
MHR(MAC 层帧头)						MAC payload(MAC 载荷)	MFR(帧尾)

① MAC 层帧头,它包括帧控制子域、序列号子域以及地址域。

② 长度可变的 MAC 层帧载荷,不同类型帧的帧载荷不同,其中确认帧没有帧

载荷。

③ MAC 帧尾,包含 FCS(帧校验序列)。

其中,帧控制子域为 2 B,包括帧类型定义、地址子域以及其他的控制标志;序列号子域为 1 B,它制定了帧独一无二的标识符;目的 PAN 标识符子域为 2 B,表示接收改帧的唯一 PAN 标识符;当 PAN 标识符为 0xFFFF 时表示广播模式,在同一信道的所有 PAN 设备都能收到;目的地址子域为 2 B 或 8 B,表示接收信息帧的地址,它的长度由帧控制子域中的目的地址模式子域确定。当此地址值为 0xFFFF 时表示短广播地址,此时所有在此通信信道中的设备均能接收此信息帧;源 PAN 标识符子域为 2 B,表示该帧发送方的 PAN 标识符;源地址子域为 2 B 或 8 B,表示发送方的设备地址,它的长度由帧控制子域中的目的地址模式子域确定;帧载荷子域长度可变,帧类型不同其所包含的信息也不同,当帧的安全允许子域为 1 时,将采用相应的加密方法对帧载荷进行加密;帧校验序列子域(FCS)为 4 B,帧校验序列由 MAC 层帧头以及 MAC 层帧载荷部分进行运算得到。

MAC 层定义了四种类型的帧,它们分别是:信标帧、数据帧、MAC 命令帧以及确认帧。

2.3.3　网络层

ZigBee 联盟在 IEEE 802.15.4 协议基础上定义了网络层。网络层的主要作用是负责设备的连接和断开网络机制、在帧数据传递时采用安全机制、路由的发现和维护。简单地说,就是保障设备之间的组网和网络节点间的数据传输。另外,两个设备中路由的发现和维护也是在网络层里完成的。

网络层的主要目的是确保正确地操作 IEEE 802.15.4 MAC 子层,并为应用层提供服务接口。网络层内部在逻辑上由两部分组成:网络层数据实体(NLDE)和网络层管理实体(NLME)。网络层数据实体通过连接的 SAP(即 NLDE - SAP,网络层数据实体服务接口)为数据传输服务,网络层管理实体通过相连的 SAP(即 NLME - SAP,网络层管理实体服务接口)提供管理服务,另外还负责维护网络层信息库(NIB)。

1. 网络层数据实体

网络层数据实体会提供一个允许一个应用进程在两个以上设备间传输应用协议数据单元(APDU)的数据服务,而这些设备必须在同一个网络中。

网络层数据实体提供的服务:

① 产生网络层 PDU:通过为应用子层协议数据单元 PDU 增加相应的协议信息,构造网络层协议数据单元 NPDU。

② 拓扑制定路由:把 NPDU 传输到一个设备,这个设备可以是通信的最终目的,也可以是最终目的设备的前一个设备。

2. 网络层管理实体

网络层管理实体用于提供允许一个应用进程与堆栈互相作用的管理服务。

网络层管理实体提供的服务如下：

① 配置和初始化设备,保证该设备有能力完成它在网络中的功能。

② 建立网络,如果设备是协调器,那么它必须能初始化并建立一个新的网络。

③ 写地址,若是协调器或是路由器,则需能够为设备分配网络地址。

④ 发现设备,有能力发现,并记录和报告有关设备的一条邻域信息。

⑤ 接收控制,能控制设备在何时接收以及接收事件的长短,使 MAC 层实现同步或直接接收。

⑥ 发现路由,具备发现、记录通过网络有效传递信息的路由的能力。

⑦ 加入和离开网络,能加入和离开网络,也能让协调器或路由器请求设备离开网络。

如表 2-3 所列,网络层帧(NPDU)的结构如下：

① 网络层帧头,包括帧控制域、地址域以及序列信息域。

② 网络层载荷,其长度是可变的,还包含了指定帧类型的信息。

表 2-3　一般 NWK 帧格式

2 B	2 B	2 B	1 B	1 B	变　量
帧控制	目的地址	源地址	半径域	序列数	帧载荷
	路由域				
NWK 帧头					NWK 载荷

帧控制域长度为 2 B,包含了信息定义帧类型、协议版本、发现路由、安全子域以及其他控制标记。目的地址域总是存在的,其长度为 2 B,其内容是目的设备的 16 位网络地址或是广播地址(0xFFFF)。源地址域也是不可缺少的,其长度也是 2 B,其内容是此帧的源设备网络地址。半径域也总是存在,其长度为 1 B,表示帧传输的半径;在网络中的设备接收到该帧后,半径域的值会减 1。序列数域长为 1 B,它存在于任意一个帧中。传输时,每一个新的传输帧序列值将加 1。帧静载荷域的长度是可变的,它包含有单个帧的帧类型信息。

2.3.4　应用层

PHY ＆ MAC ＆ NWK 这三层协议,主要是为上面的应用层服务的,在产品开发过程中,不需要深入涉及这三层协议的实现细节,应用层才是开发者关注的重点部分。

应用层包括应用支持子层(APS)、ZigBee 设备对象(ZDO)以及制造商定义的应用对象。

APS 子层的功能有：维持绑定表,为绑定的设备间进行信息传递。根据设备间的服务和需求将设备匹配地连接起来,就称为绑定。

应用支持子层为网络层以及应用层之间提供接口,实现的方法是使用一组通用的服务。通过数据实体服务访问接口(APSDE-SAP)以及 APS 管理实体服务接入点(APSME-SAP)提供服务,其中 APS 应用实体提供的服务是在设备间进行应用层协议数据单元的传输,而 APS 管理实体则提供设备间的绑定与解绑定、安全配置和管理,以及 APS 信息库(AIB)的访问。

由表 2-4 可知,应用支持子层帧结构可知应用支持子层帧(APDU)包括 APS 首部和 APS 帧载荷。其中,APS 首部包括控制信息和地址信息,而 APS 帧载荷则包含要传输的有效数据,它的长度是可变的。

表 2-4 应用支持子层帧一般结构

1 B	0 B/1 B	0 B/1 B	0 B/2 B	0 B/1 B	可 变
帧控制域	目的端点	簇标识符	模板标识符	源端点	帧载荷
APS 首部					

应用支持子层定义的三种帧类型:数据帧、APS 命令帧以及应答帧。

ZigBee 设备对象(ZDO)代表一类基本功能,即提供应用对象、模板和应用支持子层之间的接口。它处在应用支持子层以及应用框架间,在 ZigBee 协议栈中满足一般的应用操作需求。其功能如下:

① 初始化 APS、NWK 以及安全服务特性(SSS);

② 根据收集到的端点相关信息,确定要实现的功能。

2.4 ZigBee 技术的应用与拓展

早期 ZigBee 技术的诞生源于对工业物联网的需求。为了满足不同的应用背景,ZigBee 联盟先后颁布 ZigBee Home Automation (ZigBee HA)、ZigBee Light Link (ZigBee LL)、ZigBee Building Automation(ZigBee BA)、ZigBee Retail Services(ZigBee RS)、ZigBee Health Care(ZigBee HC)、ZigBee Telecommunication Services(ZigBee TS) 等应用层协议来满足智能零售、智能家居、智能通信、智慧能源、智慧建筑、智能医疗等领域。问题是这些应用层协议是独立不互通的。比如 ORVIBO(欧瑞博)采用了标准的 ZigBee HA 协议的智能开关和 Philips(飞利浦)采用标准的 ZigBee LL 的 Hue 智能灯泡是不能互相控制的。这里强调标准的 ZigBee 协议的原因是,早期 ZigBee 版本由于标准化做得不好,给了厂商太多选择,很多厂商虽然采用了 ZigBee HA 的协议,但是终端的智能家居厂商根据自家的需求定制了 ZigBee HA,而非标准 ZigBee 协议,导致不同厂家产品还是不能互联互通。也有点类似于 Android 系统手机,不同手机厂商都是采用 Android 系统,但是都进行了大量的定制化,导致最后的手机系统也是千差万别的。ZigBee 联盟对于 ZigBee HA 的标准化问题也伤透了脑筋,为此,还专门建立了一批组织机构做 ZigBee HA 认证,比如最新的 ZigBee HA1.2 认证,只要经过 Zig-Bee HA1.2 认证的产品就能够实现互联互通。实验证明,采用标准 ZigBee HA1.2 的产品是可以互联互通的,笔者亲测过 Smartthings 的网关可以控制 ORVIBO 的智能开关,ORVIBO 的网关也可以控制 GE 的智能灯泡。看到这里,我们大概可以了解到智能家居不能互联互通的根本原因是应用智能家居最广泛的 ZigBee 协议有很多应用层协议,不同的应用层协议彼此是独立不互通的;另外,即使采用相同的应用层协议,也有可能由于应用协议标准化的问题导致设备不兼容。可以说,ZigBee 之前仅仅解决了智能设备的连接问题,但是没有解决智能设备的互联互通问题。

但现在,ZigBee3.0 来了,就是要来解决智能家居互联互通的问题。ZigBee 联盟推出 ZigBee3.0 主要的任务就是统一 ZigBee HA、ZigBee LL、ZigBee BA、ZigBee RS、ZigBee HC、ZigBee TS 等应用层协议,解决不同应用层协议之间的互联互通问题,比如 ORVIBO 采用 ZigBee HA3.0 的智能开关可以和 Philips Hue 智能灯泡互联互通,用户只要购买任意一个经过 ZigBee3.0 的网关就可以控制不同厂家基于 ZigBee3.0 的智能设备。ZigBee3.0 统一了采用不同应用层协议的 ZigBee 设备的发现、加入和组网方式,使得 ZigBee 设备的组网更便捷、更统一。另外,ZigBee3.0 也进一步加强了 ZigBee 网络的安全性。稍显遗憾的是,ZigBee3.0 并没有统一 ZigBee Smart Energy 应用层协议。ZigBee 应用层协议用于读取电表的电量数据,比如应用了 ZigBee Smart Energy 的智能家庭,可以知道每个家庭每月、每星期,甚至每天的电量数据,物业管理公司和电力公司可以实时知道每个家庭的电量消耗以便收取电费。ZigBee 联盟也推出了 ZigBee3.0 认证来规范各个厂商使用标准的 ZigBee3.0 协议,以保证基于 ZigBee3.0 设备的互通性。

智能家居上下游产业链非常欢迎 ZigBee3.0 的推出,国内知名智能家居厂商 ORVIBO 也表示会及时跟进 ZigBee3.0,将会第一时间推出基于 ZigBee3.0 的智能家居产品。国际智能家居巨头 Philips 公司也表示会尽快推出 ZigBee3.0 的智能灯泡等产品。在 ORVIBO 研发总监谭荣港看来,ZigBee3.0 还是来得晚了一些。谭荣港曾在一次采访中表示:"智能家居不能互联互通的问题已经严重影响了智能家居的普及速度。ZigBee3.0 的构想已经提了一年多,今年(2016 年)终于正式推出。ORVIBO 会第一时间推出基于标准的 ZigBee3.0 的智能家居产品,保证与其他厂商产品的互联互通。ZigBee3.0 已经在 ZigBee 协议层面解决了互联互通的问题,但是在和其他协议的互联互通还要继续努力。"

ZigBee3.0 解决了智能家居领域应用最主流协议 ZigBee 不同应用层协议互联互通的问题,也进一步标准化了 ZigBee 协议,向智能家居的互联互通迈出了一大步。可以推测,若是几年后,大部分 ZigBee 阵营的智能家居产品可以互联互通,用户只需要用一个 ZigBee 网关和一个 App,就可以控制所有基于 ZigBee 的智能家居产品。相信到那时,智能家居可以更好地落地和普及。但是目前 ZigBee3.0 彻底解决智能家居互联互通的问题还有难度。跨协议互联互通的问题还没有完全解决,这就需要不同的协议(或称标准)提供商继续在底层协议合作和妥协,这个合作和妥协的过程可能会比较艰难。目前最好的解决方案可能就是智能家居厂商的网关设备支持多协议标准,做统一的 UI 交互。

随着人工智能、大数据、云计算等技术的火热与兴盛,物联网 IoT 也逐渐向 AIoT 转变,越来越多地与大数据、人工智能结合在一起,以前常说的万物互联,而现在更多地提到的是万物智联。万物智联必然离不开智能的交互方式,这也给了很多企业新的一轮洗牌的机会。2018 年 3 月在深圳开幕的 2018'云栖大会·深圳峰会上,阿里提出了万物智联的三驾马车:IoT、AI 和云计算。而阿里在新的 IoT 时代想扮演的角色是物联网基础设施的搭建者,为行业提供开放、便捷的 IoT 连接平台,提供强大的 AI 能力,实现云、边、端一体的协同计算是阿里接下来的目标。这也预示着随着 AI、大数据、云计算等技术的飞速发展,IoT 将凤凰涅槃,成就万物智联。

AI 结合发展多年的物联网,整合而成 AIoT 结构,被视为大势所趋。智能终端设备,智能家居设备,透过其背后的智能化功能,将给人类生活带来巨大的改变。

而 ZigBee3.0 的技术革新,不仅统一了协议,也完全兼容 IP,扩大了适用范围。若能够进一步扩大市场占有率,那么 ZigBee3.0 将在 AIoT 的新时代中拿下入场券,迎来一个更加辉煌、蓬勃的未来。

2.5　举一反三

1. ZigBee 的分层结构有什么好处?

2. ZigBee3.0 协议的统一是否会更加规范市场,带来新的机遇?

3. ZigBee 不同网络拓扑结构的优缺点是什么? 各自适用于哪些应用场景? 请举例说明。

第3章

智能家居系统开发设计方案

本章以智能家居系统开发设计方案为主,详细介绍智能家居嵌入式开发方案,使读者进一步深入掌握 ZigBee 无线网络的开发过程。

【教学目的】

➢ 掌握 ZigBee 技术的产品开发流程。

➢ 能够融会贯通、举一反三。

3.1 概　述

物联网(Internet of Things,IoT)即"万物相连的互联网",是在互联网基础上的延伸和扩展的网络,它将各种信息传感设备与互联网结合起来而形成一个巨大的网络,实现在任何时间、任何地点,人、机、物的互联互通。物联网说到底是为人类服务的,我们的家居生活已经形成几千年,并在可预见的未来人类将继续并长时间生活在居所中。仅从这一点来看,智能家居就必然成为物联网中的基础应用之一。近年来,物联网作为一场科技革命,特别是随着其技术及手持设备的普及,使得智能家居行业也迎来了新的变革,为我们的生活演绎,带来了精彩的"家世界"。

"智能家居"(smart home),又称智能住宅,是在互联网影响下物联化的体现。通俗地说,它是融合了自动化控制系统、计算机网络系统和网络通信技术的网络化、智能化的家居控制系统。智能家居将家中的各种设备(如音视频设备、照明系统、窗帘控制、空调控制、安防系统、数字影院系统、网络家电等)通过家庭网络连接到一起。一方面,让用户有更方便的手段来管理家庭设备并实时监控家中情况,比如,通过家用触摸屏、无线遥控器、电话、互联网或者语音识别控制家用设备,更可以执行场景操作,使多个设备形成联动;另一方面,智能家居内的各种设备相互间可以通信,不需要用户指挥也能根据不同的状态互动运行,从而给用户带来最大程度的高效、便利、舒适与安全。

与普通家居相比,智能家居不仅具有传统的居住功能,提供舒适安全、高品位且宜人的家庭生活空间,还由原来的被动静止结构转变为具有能动智慧的家具,提供全方位的信息交互功能,帮助家庭与外部保持信息交流畅通,优化人们的生活方式,帮助人们有效安排时间,增强家居生活的安全性,甚至节约各种能源费用。

3.2 系统设计方案

智能家居是以住宅为平台,兼建筑、网络通信、信息家电、设备自动化,集系统、结构、服务、管理于一体的高效、舒适、安全、便利、环保的家居环境。它利用先进的中央集成控制,并配合计算机技术、网络通信技术、综合布线技术,将家居生活中各相关子系统有机地结合在一起,通过统筹的智能化管理,实现智能化家居生活。智能家居主要由以下几个系统构成。

1. 基础设施系统

基础设施系统是保障智能家居系统有效实施的基础,家居智能化系统的基础设施系统组成如图 3-1 所示。

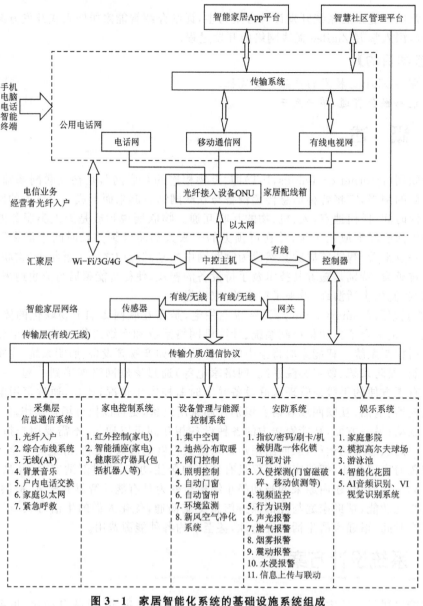

图 3-1 家居智能化系统的基础设施系统组成

2．配电系统

智能家居系统面板类产品采用标准 86 底盒安装，86 底盒内须有 AC 220 V 供电，其他即插即用产品靠插入五孔插座取电以及电源适配器供电。家居智能化系统的配电系统组成如图 3－2 所示。

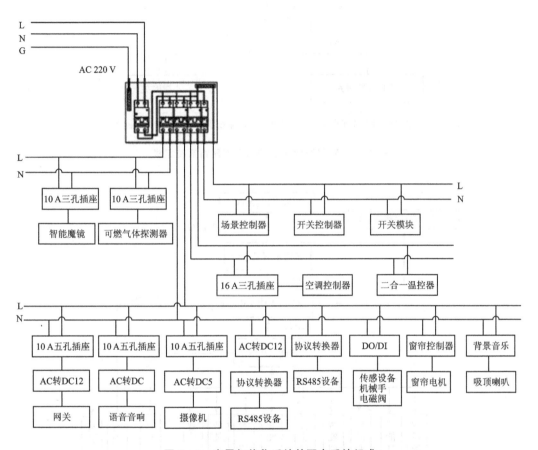

图 3－2　家居智能化系统的配电系统组成

3．基础网络系统

光纤入户、开通网络，能正常连接并使用互联网，智能家居网关使用网线连接路由器。家居智能化系统的基础网络系统组成如图 3－3 所示。

4．智能家居系统

光纤入户、开通网络，智能家居网关使用网线连接路由器，ZigBee 智能家居基础网络系统即建立起来了，其他终端设备与智能家居网关通过 ZigBee 无线通信组成完整的智能家居系统。家居智能化系统组成如图 3－4 所示。

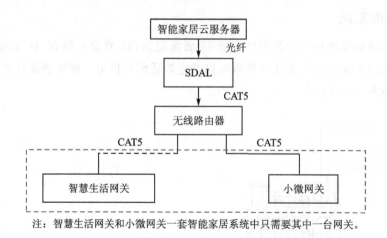

注：智慧生活网关和小微网关一套智能家居系统中只需要其中一台网关。

图 3－3　家居智能化系统的基础网络系统组成

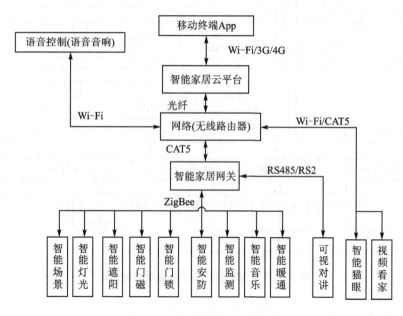

图 3－4　家居智能化系统组成

3.3　智能家居解决方案

用于智能家居的系统需要对住宅内的家用电器、照明灯光进行智能控制,实现家庭安全防范,并结合其他系统为用户提供一个温馨舒适、安全节能、先进时尚的家居环境,让用户充分享受现代科技给生活带来的方便和精彩。但是如何突破我们日常的应用场景,让家居生活当中的一个个场景与技术相融合?不妨看看以下解决方案。

1．智能安防解决方案

智能安防解决方案一般通过智能门锁、智能门磁、智能摄像头、环境监测报警器、红外人体感应报警器等智能家居产品实现对家庭的 360°保护。可以对陌生人入侵、火灾、天然气泄漏等险情进行实时监控并通知用户。

2．智能控制解决方案

智能控制解决方案一般通过红外遥控、智能盒子、智能主机等设备，实现对家中所有电器，如电视、空调、灯光，甚至门窗、窗帘进行控制，基础功能为远程开关和定时开关，这两项功能市场上所有品牌几乎都有。

目前，许多智能家居厂商和服务商的平台解决方案都向更精细化和场景化方向发展。可实现传统遥控的全部功能，如电视换台、空调控温；可设置"情景模式"，一个指令控制多款产品；可设置指令，根据特定场景触发产品，如设置"回家模式"，内容为"开门后客厅灯光自动开启"，当系统感应到门锁解锁时，就会自动开启特定灯光等效果。

3．智能照明解决方案

智能照明解决方案是上文提到的"智能控制解决方案"的照明简化版，对全家灯光进行智能化管理，可以通过设置情景模式，对多个灯光进行智能开关、亮度调节、色温调节的一键控制，让家中用光更便捷、舒适、环保、节能。

4．智能家庭影院解决方案

智慧家庭中的家庭影院解决方案，革新了传统的家庭影院的交互方式，同时也丰富了功能，将所有影音设备，如音响、高清播放机、投影机、屏幕、高清电视，以及空调、地暖、电动窗帘等环境设备连接为一个整体，同时附加上语音控制功能，让观影、游戏的视听效果更佳，操作更便捷，体验更舒适。

5．家庭背景音乐解决方案

家庭背景音乐解决方案，即通过布线，将声音源信号接入智慧家庭的任何区域，如客厅、餐厅、厨房、阳台、洗手间，通过不同房间的控制面板或移动设备，独立控制室内的背景音乐，让每个房间都能听到美妙的背景音乐，音乐也是对家的一种装饰。

6．环境联动解决方案

环境联动解决方案，即基于智能家居控制系统平台，环境监测类的智能家居产品主动感应室内外环境(温度、PM2.5 等)的变化，并联动相关设备(如空气净化器、新风系统)调节室内环境，使家庭环境舒适、安全又健康。

7．视频共享解决方案

视频共享解决方案，即将电视机顶盒、DVD、录像机、卫星接收机等视频设备集中安装于较为隐蔽之处，使客厅、餐厅、卧室等多个场景的电视能共享家庭影音库。该解决方案不需要重复购买设备，也无须布线，成本极低，同时节约了空间。

3.4　智能家居方案设计

3.4.1　智能家居设计范围

智能家居设计的范围主要包括一些家用设施设备的集成控制,可以用机器替代人工完成的事情,包含:智能灯光控制、遮阳控制、家电控制、暖通控制、环境监测、背景音乐控制、安防管理、视频看家、门禁管理、家庭影院控制、门窗控制、浇灌、场景控制等,控制方式包括:远程、手机、语音、控制面板等。

3.4.2　智能家居设计原则

设计原则是方便用户操作、功能实用,能体现高人一等的时尚生活品位;化繁为简、高度人性、注重健康、娱乐生活、保护私密。简而言之,就是简单实用。

3.4.3　系统结构及功能说明

智能家居系统结构图如图3-5所示,其主要功能介绍如下:

1. 智能灯光控制系统

灯光控制分为调光和开关。通过简单的操控界面,对房间的灯光进行方便的控制。既能独立控制每路灯光,也可以调用预设场景。灯光场景有多种设置,例如通过触摸屏的一个按钮能够控制室内所有灯光进入一个预设模式。支持现场按键面板、触摸屏、红外遥控器多点控制。室内每一个房间都能实现功能调光,通过计算机远程控制。

2. 安防监控系统

通过触摸屏可以控制室内任何一个安防摄像头,并且可以360°观看摄像头的画面,并可将画面传到等离子电视、触摸屏或者计算机上。当探测器探测到家中有人非法进入时,可自动拨打系统预设电话和发邮件给主人。

3. 防卫报警系统

通过触摸屏可以查看任何一处探测器的状态,并且可以设定布防和撤防,家中有人时可以设置安全级别,防止误报;也可以与小区报警系统进行连接,将报警信号发给小区报警中心。

4. 家庭背景音乐系统

家庭背景音乐系统能够实现:在不同的房间听到不同的音乐,并且在每个房间都能够选择自己喜欢的音乐;当家庭聚会时,整个别墅内的每个房间都能够听到音乐,可以通过触摸和控制面板控制。

5. 家庭影音系统

能够在触摸屏上控制室内DVD/VCR/卫星电视/有线电视等,包括音量/频道/预

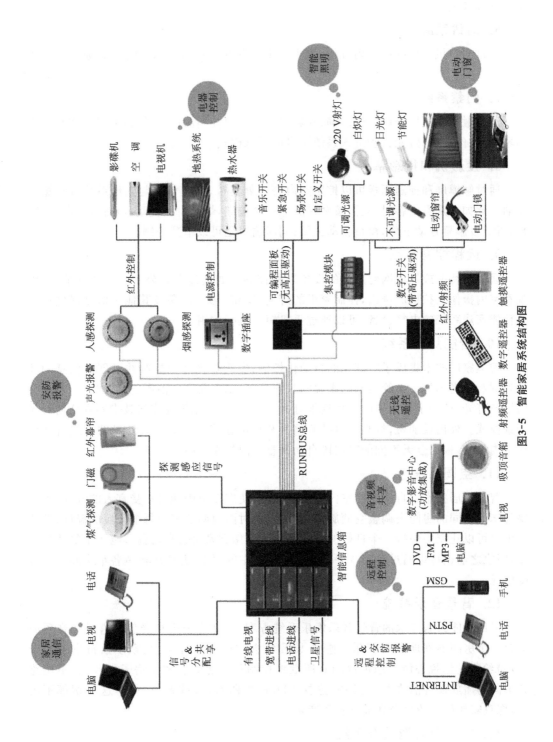

图3-5 智能家居系统结构图

设/暂停/快进等。

6. 对讲系统

通过门口机可以呼叫室内分机,当主人不在家时,自动保留访客图像,通过分机可开门。

7. 门禁系统

通过触摸屏可以控制密码门锁,在触摸屏上可以控制门的开关,以及可以实现主人回家时,在门开时,灯光自动进入系统预设的回家模式。

8. 投影机和投影幕

通过触摸屏和控制面板可以控制室内每一处窗帘,并且可以与其他系统进行场景联动。比如在观看电影时,只需按触摸屏上一个按钮,灯光自动变暗,电视机自动打开,投影机、投影幕自动下降,窗帘自动关闭;同时窗帘也可以单独控制。

9. 远程控制系统

通过因特网或局域网对家里的设备进行控制。如通过在办公室上网的电脑,可以观看室内摄像头拍摄的画面,控制家里的灯光、窗帘、影音设备及其他一切可提供接口到智能家居系统的电气设备,可以通过手机短信进行控制。

10. 智能灯光系统

智能家居技术集成了对灯光的自动化控制,实现灯光感应控制并可创造任意的环境氛围和灯光场景。不管是家庭影院的放映灯光、二人共度的浪漫晚宴灯光、朋友聚会的场景灯光,还是宁静周末的餐后读报灯光,……都可采用智能家居技术实现任何灯光场景模式。外出或加班,灯光会自动调整到相应的模式。根据全天外界的光线自动调整室内灯光,根据全天不同的时间段自动调整室内灯光……

11. 空调系统

智能家居技术将自动监控室内温度和湿度,使您在家中随时享受宜人的气候,不需要起床到不同的房间去调整空调旋钮,还可以随时随地调节家中每个区域的温度,即使外出也可以让家中保持一个良好的温度环境。当您到家时会自动调节至一个舒适的温度,回家之前也可以通过电脑或手机预先调节家中的温度,并随时监测各个房间的温湿度情况。

12. 背景音乐系统

采用智能家居技术的背景音乐娱乐系统方案,让您在家中享受您最喜爱的音乐或选择一个房间静静地欣赏音乐。感受 hi-fi 级立体声背景音乐,在家中独自享受爵士CD带给您的愉悦心情。您可以随心所欲地控制每个房间和整个房子的音乐,不用跑到不同的播放设备前去打开设备,选择 CD,选择曲目,调整音量,……这一切都不需要,您只需放松心情享受您最喜爱的音乐。

13. 安防及摄像监控系统

智能家居技术对安防监控的控制技术,通过 HDL 触摸屏,您可以监控房门、儿童房、各种房间和户外的情况,保障居家安全。通过各种探测器实现监控录像、安全报警。当您外出时,也可以随时通过网络监控家里的任何情况,控制家里的任何设备和设施,一切尽在您的掌控之中……,智能家居技术集成可视通信系统,当听到预先设置好的音乐时,您就知道有朋友来探访,音乐声自动调低,触摸屏或等离子电视出现朋友来访的画面。您还可以与他可视对讲,并且只需轻点触摸屏即可开门允许进来……

14. 家庭影院系统

智能家居技术数字家庭影院,您只需轻点一下触摸屏,灯光将自动调整到影院模式,窗帘自动关闭,影幕自动打开,温度自动调整,各种音视频设备自动打开,自动选择好视频源,音量自动调节到适当位置,DVD 自动播放您喜欢的影片……,让您实现随时随地的全方位控制。为真实的影视效果提供多种可选配件,通过智能家居技术数字家庭影院,您将享受震撼的大片音效,舒畅的管弦乐演奏……

15. 电动窗帘、电动遮阳篷系统

智能家居技术集成了电动窗帘、电动遮阳篷的自动控制。用户可以通过触摸屏,实现对家中所有的电动窗帘、电动遮阳篷的自动控制。

当你觉得外面太阳光太强时,你可以通过触摸屏关闭窗帘;启动遮阳篷,避免太多的光线进入室内。你也可以通过光照度感应器实现窗帘、遮阳篷的自动感应控制,当检测到室内光线太暗时,系统会自动打开窗帘、遮阳篷,使得室内保持足够的光线。

16. 远程网络遥控系统

智能家居技术集成了远程网络控制技术,当你身在办公室、飞驰的列车上时,你同样可以通过互联网远程监控家里的设备。

当你在出门后才想起忘了设置安防系统时,可以通过互联网对家中的安防系统启动布防;你也可以远程启动灯光系统的度假模式,家中的灯光就会像你在家一样自动亮起、熄灭。

本教材将在随后的几个章节中对上面提到的部分系统及应用进行重点说明。

3.5　系统开发流程

智能家居是在家居设备数字化的前提下,以家庭网络化为基础达到家庭智能化的目标。其中,传感器网络、无线通信技术以及家庭计算机是智能家居系统设计的核心。家庭内部组网是指将一个个家居子系统互联起来形成一个网络,实现设备节点间的信息交换和资源共享,使得智能家居系统成为一个有机的整体。

通常,把传感器网络和无线通信技术统称为无线传感器网络。它综合了微电子技术、嵌入式信息处理技术、传感器技术、现代网络及无线通信技术等先进技术,以自组多跳的无线网络方式实时监测各种环境或对象的信息,并可进行处理或控制,应用前景十分广阔。传统的无线通信技术通常非常耗电,且占用过多的计算和通信资源,大大增加了成本。而像工业控制,消费性电子设备、汽车自动化、农业自动化、智能家居和医用设

备控制等很多无线应用领域不需要很高的带宽,只要求低延迟、低功耗,而 ZigBee 技术恰好满足这种要求。ZigBee 是为低速率控制网络设计的标准无线网络协议,具有低复杂度、低成本、低功耗、低速率、高安全性等诸多优点。图 3 - 6 所示为 ZigBee 项目开发的一般流程。

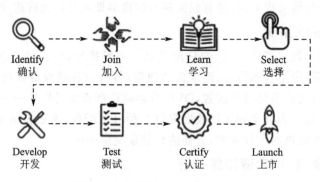

图 3 - 6　ZigBee 开发设计流程

3.5.1　ZigBee 技术引入

1. 入门——确定互操作目标

互操作目标指的是产品能够连通到的第三方设备或生态系统。在收集需求的阶段,可以此来开场,ZigBee 联盟在官网会发布 ZigBee 认证产品的公开列表,可以此作为进行相关调研的起点。

如果将开发的产品连接到其他供应商的生态系统,例如准备开发连接到 Amazon Echo Plus 的门锁、灯泡或窗帘电机类产品,那么应该在设计过程的早期阶段就联系该生态系统提供商,以便查看其产品细节和认证要求。在多数情况下,取得 ZigBee 认证是申请平台认证的先决条件,但往往并不是唯一的要求;除了相应 ZigBee 设备类型所强制要求的功能外,生态系统可能还会有其他功能要求。您至少应该有几个该平台的控制器样品(一般为网关),以便对其进行测试。

如果打算构建自己的生态系统,例如正在开发智能家居网关产品,以实现对第三方设备的监控,那么在规划开发进程并分配优先级时,首先需要知道目标设备通常会支持哪些 ZigBee 功能。而 ZigBee 认证产品数据库就包含了该类信息;您可以查看相关产品的配置文件和设备类型,有时甚至可以查看数据库中每个设备具体支持哪些功能集(cluster)。

注意:除了查看 ZigBee 认证文档外,还可以向设备制造商索取其设备支持的 Zig-Bee 功能的完整列表。

在分配开发资源之前,请花点时间了解一下是否可以利用 ZigBee 联盟成员已经完成的工作,因为其他公司可能已经构建了符合您要求的产品或组件。下面提供两种加速产品开发的方法:

① 可以完全跳过开发过程。通过 ZigBee 联盟的新认证转让计划,您可以利用其他供应商的产品省去绝大部分开发工作,从而专注于那些真正将您的产品与竞争对手的产品区别开来的特性,而不是花时间重新开发被视为智能产品"压舱石"的无线功能。

② 如果打算开发自己的产品,也可以依靠联盟成员的工作成果以减少自身的开发工作量。如果无法找到类似的已认证产品来加以利用,则可以从芯片供应商或物联网方案提供商那里寻找参考设计和应用程序样例,以大大减少自身的开发工作量。

2. 学习——学习 ZigBee 的基础知识

打开 ZigBee 之门的重要文件如下:

- ZigBee 基本设备行为规范,它概述了 ZigBee 3.0 设备必需的基本功能。例如,设备加入网络的方式,通知网络内其他设备本设备支持哪些功能,等等。
- ZigBee Cluster Library 簇群库,它搭建了 ZigBee 设备类型所使用功能的"积木块"的列表,包括用来在 ZigBee 网络中传输数据和更改设置的功能集、命令和属性。

3. 选择——选择 ZigBee 兼容平台

ZigBee 兼容平台(ZCP)为开发 ZigBee 产品奠定基础。ZCP 由无线电收发器和网络堆栈组成,该网络堆栈已经过 ZigBee 联盟的认证,可以与其他 ZigBee 兼容平台在同一网络工作。

另外,也可以考虑物联网方案提供商,对 ZCP 的评估只是基础;产品整体的可靠性和稳健性将受到在 ZCP 基础上构建的硬件和固件的深刻影响。正如一款出色智能手机的开发,不是只聘请一个硬件工程师或复制其他领先手机的技术规格,就能使各个部件运作良好。同理,ZigBee 项目开发要想实现硬件的全部功能需要方方面面的技术,只有掌握这些技术的团队才能构建优秀的无线产品。而物联网方案提供商可以协助您设计团队的工作,大大节省开发成本,并加快上市时间。有一些供应商可以作为承包开发商,提供定制开发服务。其中,许多供应商还提供已经开发完成的参考设计、固件和应用程序样例,可以大大减少与 ZigBee 功能相关的开发工作。

3.5.2 规划、开发与认证

1. 重视规划

在评估 ZCP 和物联网方案提供商时,请慎重考虑未来服务支持和产品升级的各种可能性(及相关策略)。构建物联网设备可能意味着对客户的长期承诺。随着新安全机制或新功能升级成为常态,最终用户会期望他们现有的设备可以不断更新。物联网没有"终点线",因此您需要确保规划远远超前于产品上市,并以此指导产品的开发设计,使产品能够随着市场的发展持续为客户带来愉快的享受。

2. 完成开发

开发很可能从购买芯片提供商或物联网方案提供商的开发套件开始。在实施 Zig-

Bee 功能时,尽早开始测试并经常使用 ZigBee 3.0 测试工具尤为重要。

3. 认证产品

完成开发后,下一步是提交产品进行官方测试和 ZigBee 认证。当您对产品进行认证后,将获得以下好处:

- 在您的产品和营销活动中有权使用享有信誉的 ZigBee 认证产品标志。
- 可以通过 ZigBee 联盟的认证产品数据库,向其他物联网设备供应商展示您的产品。这些供应商可能会关注您的产品并将其整合到自己的系统中。

要开始认证过程,请查看授权测试服务提供商列表,并与您首选的测试提供商联系。在将产品提交给测试服务提供商之前,您应该确保您的产品已经开发完成,在开发后期,即可率先启动相关的报价、采购订单和审批流程。在完成测试后,您可以向 Zig-Bee 联盟提交认证申请,联盟将对您的产品给予最终批准,并将其正式加入 ZigBee 认证产品数据库。

3.5.3　上市和迭代

产品上市并不代表就"圆满"了。如果您密切关注 ZigBee 认证产品数据库,可能已经观察到一个令人注目的趋势:那些更新最频繁的物联网产品通常是最成功的产品。您可以通过启用新功能并改善产品全生命周期的体验来让客户真正地感到愉悦。不要错过任何创新的机会!

3.6　ZigBee 联盟

ZigBee 联盟是一个高速成长的非营利业界组织,成员包括国际著名半导体生产商、技术提供者、技术集成商以及最终使用者。联盟制定了基于 IEEE 802.15.4,具有高可靠、高性价比、低功耗的网络应用规格。

ZigBee 联盟的主要目标是通过加入无线网络功能,为消费者提供更富有弹性、更容易使用的电子产品。ZigBee 技术能融入各类电子产品,应用范围横跨全球的民用、商用、公共事业以及工业等市场,使得联盟会员可以利用 ZigBee 这个标准化无线网络平台,设计出简单、可靠、便宜又节省电力的各种产品。

ZigBee 联盟所锁定的焦点为制定网络、安全和应用软件层;提供不同产品的协调性及互通性测试规格;在世界各地推广 ZigBee 品牌并争取市场的关注;管理技术的发展。

ZigBee 标准的制定:IEEE 802.15.4 的物理层、MAC 层及数据链路层,标准已在2003 年 5 月发布。ZigBee 网络层、加密层及应用描述层的制定也取得了较大的进展。V1.0 版本已经发布。其他应用领域及其相关的设备描述也会陆续发布。由于 ZigBee 不仅只是 IEEE 802.15.4 的代名词,而且 IEEE 仅处理低级 MAC 层和物理层协议,因此 ZigBee 联盟对其网络层协议和 API 进行了标准化。完全协议用于一次可直接连接到一个设备的基本节点的 4 KB 或者作为 Hub 或路由器的协调器的 32 KB。每个协调器可连接多达 255 个节点,而几个协调器则可形成一个网络,对路由传输的数目则没有限制。ZigBee 联盟还开发了安全层,以保证这种便携设备不会意外泄露其标识,而且这种利用网络的远距离传输不会被其他节点获得。

　　ZigBee 联盟强调设备的互通性。很多近距离电子产品嵌入了 ZigBee 模块都已具有 ZigBee 功能,还有许多种产品预留了 ZigBee 的接口以备日后随时升级。各类网关产品也得到进一步开发,网关产品支持 ZigBee 系统与家居控制网络、智能建筑网络及商用网络等现有的设施互联。

3.7　举一反三

小　结
本章简述了基于 ZigBee 的智能家居系统开发流程。

扩　展
思考 ZigBee 的系统开发测试中主要的依据有哪些。

习　题
1. ZigBee 系统的开发流程包括哪些步骤?
2. 你认为 ZigBee 系统开发中最重要的环节是什么?

第4章

ZigBee 软硬件开发与环境搭建

前面几章已经学习了智能家居产品中常用的一些通信技术,尤其是 ZigBee3.0 技术,相信各位读者已经掌握了一些 ZigBee3.0 的知识。本章将通过对软硬件平台的搭建和介绍,带领大家一起完善开发环境,掌握部分 ZigBee 的开发技巧与流程。

【教学目的】

➤ 了解 ZigBee 的硬件资源。

➤ 搭建 ZigBee3.0 的软件环境,便于后续开发。

➤ 能够新建一组 ZigBee 组网工程,熟悉 ZigBee 开发流程。

4.1 ZigBee 硬件资源介绍

ZigBee 开发过程中需要软硬件的搭配,在本书中,选用了天诚 ZigBee3.0 的开发套件 Creek - ZB - PK。彩灯控制器 ZigBee 开发套件 Creek - ZB - PK 如图 4 - 1 所示。后续硬件介绍以及软件使用均围绕此款设备进行。

图 4 - 1 彩灯控制器 ZigBee 开发套件 Creek - ZB - PK

天诚 ZigBee3.0 开发套件硬件包含 EFR32MG1V 模块、开发底板、多组传感器模块和调试仿真器;套件软件包括软件开发工具、SDK、ZigBee3.0 软件堆栈、示例代码等,开发套件配套清单如表 4 - 1 所列。套件可帮助开发人员构建网状网络和评估 Zig-Bee 模块。凭借 Simplicity Studio 的一系列支持工具,开发人员可充分利用图形无线应用开发,进行网状网络调试。

表 4 - 1　ZigBee 开发套件配套清单

序　号	项　目	数　量
1	JLink 仿真器	1 台
2	液晶开发底板	3 块
3	ZigBee3.0 模块	3 块
4	传感器扩展模块	3 块
5	硬件配件包	1 套
6	软件资源包	1 套

4.1.1　J - Link 仿真器

　　J - Link 是 SEGGER 公司为支持仿真 ARM 内核芯片推出的 JTAG 仿真器。配合 IAR EWAR、ADS、KEIL、WINARM 等集成开发环境支持所有 ARM7/ARM9/ ARM11、Cortex M0/M1/M3/M4、Cortex A5/A8/A9 等内核芯片的仿真,与 IAR、Keil 等编译环境无缝连接,操作、连接方便,简单易学,是学习开发 ARM 最好最实用的开发工具。天诚 ZigBee3.0 开发套件配置的 J - Link 仿真器是具有 USB 接口的 JTAG/ SWD 仿真器,下载速度高达 1 MB/s,最高 JTAG 速度 15 MHz。具有自动速度识别功能,能监测所有 JTAG 信号和目标板电压。J - Link 接口与板载下载接口如图 4 - 2 所示。

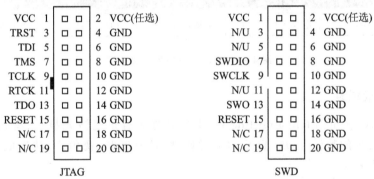

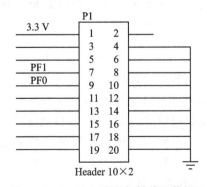

图 4 - 2　J - Link 接口与板载下载接口

4.1.2 液晶开发底板

液晶开发底板内含 1.3 in 128×64 的 OLED 液晶屏,支持 USB/电池双电源供电,有 4 个功能按键、4 个 LED 指示灯、2 个电池盒、USB 接口、无线(ZigBee3.0)模块接口、仿真下载调试接口和扩展传感器模块接口等。液晶开发底板模块说明如图 4-3 所示。

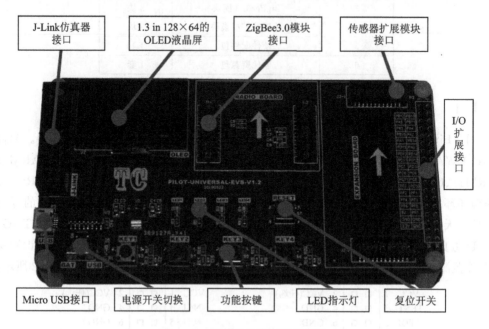

图 4-3 液晶开发底板模块说明

1. 显示模块

OLED(Organic Light-Emitting Diode),又称为有机电激光显示、有机发光半导体,具有自发光的特性。OLED 显示屏对比度高、厚度薄、视角广、功耗低、反应速度快,更适合小系统。

本开发套件的显示采用 1.3 in 128×64 的 OLED 液晶屏,该 LED 模块原理图如图 4-4 所示。

2. ZigBee3.0 模块

开发套件内的 ZigBee3.0 模块 EFR32MG1V 采用 PCB 天线,包含 CortexM4 内核,最大 1 Mb/s 的数据传输速率,256 KB 的 Flash,32 KB 的 RAM,最大 8 dBm 的输出功率,最大−99 dBm 的接收灵敏度。ZigBee3.0 模块接口原理图如图 4-5 所示。传感器模块接口原理图如图 4-6 所示。液晶开发底板的 ZigBee3.0 模块接口是双排48 个引脚的接口,不仅可以用来连接 ZigBee 模块,而且能使用天诚公司的蓝牙 5.0 模块进行蓝牙开发。ZigBee3.0 模块参数如表 4-2 所列。

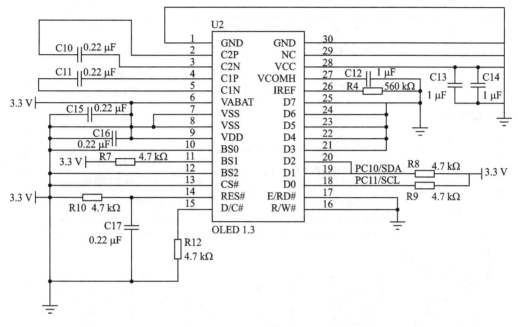

图 4 - 4　LED 模块原理图

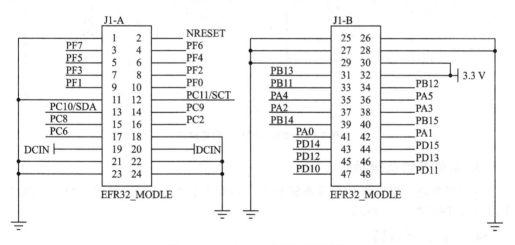

图 4 - 5　ZigBee3.0 模块接口原理图

表 4 - 2　ZigBee3.0 模块参数

项　目	参　数	项　目	参　数
处理器 SOC	32 位 40 MHz CortexM4	工作电源电压	1.85～3.8 V
频段	2.4 GHz	工作电流	9.8 mA(RX)，8.2 mA(TX,0 dBm)
存储器	256 KB Flash 和 32 KB RAM	支持协议	ZigBee3.0

项　目	参　数	项　目	参　数
引脚	48 个	天线	板载 PCB 天线
最大数据速率	1 Mb/s	加密	硬件加密加速器,支持 AES128/256、SHA - 1、SHA - 2
输出功率	8 dBm	CRC	通用 CRC
灵敏度	−99 dBm	I/O	31 个 GPIO
PRS	12 信道外围设备反射系统	ADC	12 位 1 MSPS SAR 模拟数字转换器
低功耗	63 μA/MHz(EM0) 2.2 μA(EM2)	其他	无线模块唤醒,带有信号强度检测,前导模式检测,帧检测和超时功能

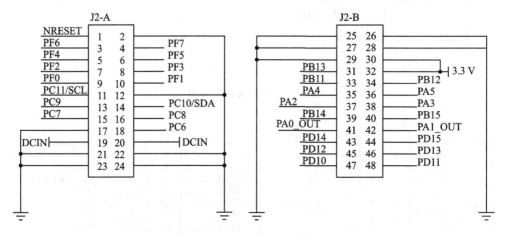

图 4 - 6　传感器模块接口原理图

3. 功能按键及指示灯

液晶开发底板提供 4 个功能按键和 4 个功能指示灯,可进行编程使用。按键及 LED 原理图如图 4 - 7 所示。

4. I/O 扩展接口

液晶开发底板提供了 36 个引脚的 I/O 扩展口,用户可以根据需要连接其他自定义的硬件设备,搭配开发板进行 ZigBee 项目的学习与开发。扩展 I/O 原理图如图 4 - 8 所示。

5. 电源模块

液晶开发底板可以使用 USB 供电,也可以使用电池供电,两种供电方式都可以通过开关来切换。电源切换原理图如图 4 - 9 所示。

切换为 USB 接口供电时,液晶开发底板的 Micro USB 接口还提供了串口转 USB 功能,方便调试。USB 原理图如图 4 - 10 所示。

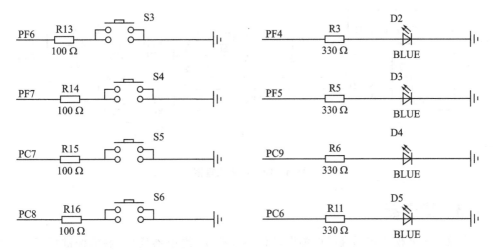

图 4 - 7　按键及 LED 原理图

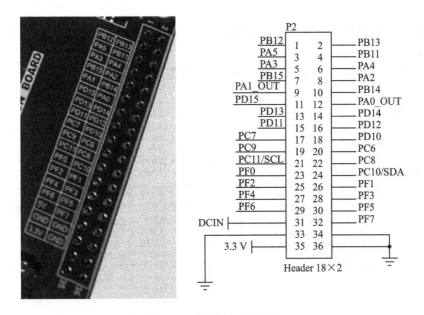

图 4 - 8　扩展 I/O 原理图

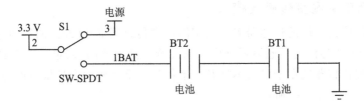

图 4 - 9　电源切换原理图

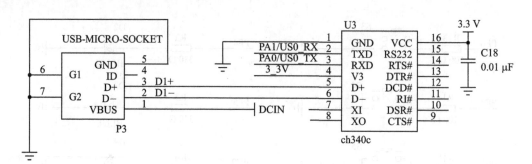

图 4 - 10 USB 原理图

4.1.3 传感器

传感器扩展模块包括高精度温湿度传感器模块、继电器模块、触摸按键板模块、可变色灯模块、光照传感器模块、红外探测器模块、红外转发模块、声光警报模块和以太网模块等。

传感器扩展模块包括传感器采集模块、可控制模块、警报显示模块等,它们统称为传感器扩展模块。

传感器扩展模块统一采用 48 个引脚,引脚功能如图 4 - 11 所示。

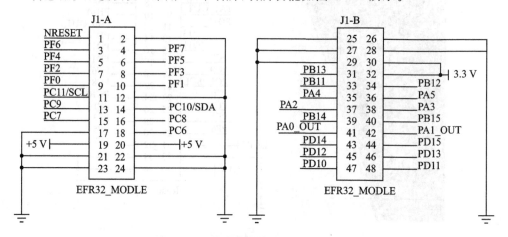

图 4 - 11 传感器模块统一接口原理图

1. 高精度温湿度传感器模块

温湿度传感器模块的传感器采用数字温湿度传感器 SHT20。SHT20 数字温湿度传感器是 SHT21 温湿度传感器系列中一款性价比高的产品,用量以百万计,且应用领域广泛。该类传感器适用于对成本极其敏感但又注重品质的大批量生产的行业。温湿度模块原理图如图 4 - 12 所示。

而数字温湿度传感器 SHT20 是新一代 Sensirion 湿度和温度传感器在尺寸与智能方面建立了新的标准:它嵌入了适于回流焊的双列扁平无引脚 DFN 封装,底面 3 mm×

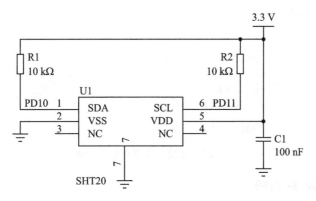

图 4-12 温湿度模块原理图

3 mm,高度 1.1 mm。传感器输出经过标定的数字信号,标准 I^2C 格式。

SHT20 配有一个全新设计的 CMOSens 芯片、一个经过改进的电容式湿度传感元件和一个标准的能隙温度传感元件,其性能已经大大提升甚至超出了前一代传感器(SHT1x 和 SHT7x)的可靠性水平。例如,新一代湿度传感器,经过改进使其在高湿环境下的性能更稳定。

每一个传感器都经过校准和测试。在产品表面印有产品批号,同时在芯片内存储了电子识别码,可以通过输入命令读出这些识别码。此外,SHT20 的分辨率可以通过输入命令进行改变(8/12 b 乃至 12/14 b 的 RH/T),传感器可以检测到电池低电量状态,并且输出校验和,有助于提高通信的可靠性。

同时,SHT20 新型湿度传感器是尺寸最小的湿度传感器,可满足多种应用条件。SHT20 温湿度传感器将敏感元件、标定存储器和数字接口集成在 3 mm×3 mm 的衬底上,此外,传感器还提供电子识别跟踪信息。除敏感元件部分外,传感器外表采用包覆成型,可以减少传感器受外界因素如老化、振动、挥发性化学气体的影响,保证其具有良好的稳定性。温湿度模块参数如表 4-3 所列。

表 4-3 温湿度模块参数

项　目	参　数
输出	I^2C 数字/PWM,SDM 输出/模拟电压接口
能耗	3.2 μW(8 位测量,1 次/秒)
相对湿度工作范围	湿度 0~100%
温度工作范围	温度 −40~+125 ℃(−40~+257 ℉)
湿度响应时间	8 s

2. 光照传感器模块

光照传感器模块采用 BH1750FVI,是一种用于两线式串行总线接口的数字型光强度传感器集成电路。这种集成电路可以根据收集的光线强度数据来调整液晶或者键盘背景灯的亮度。利用它的高分辨率可以探测较大范围的光强度变化。光照传感器模块原理图如图 4 - 13 所示。

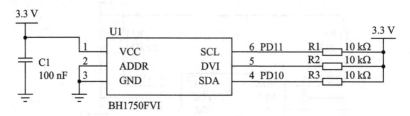

图 4 - 13　光照传感器模块原理图

3. 红外探测器模块

数字智能热释电传感器 P923 系列,采用模/数混合处理集成电路作为内置处理芯片。该集成电路组合了单个被动红外热释电移动探测器所需的完整功能。红外传感器模块原理图如图 4 - 14 所示。

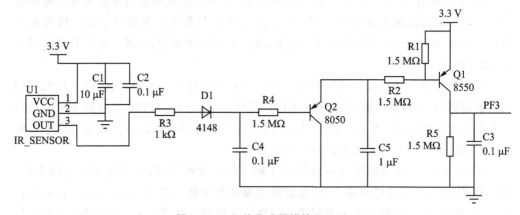

图 4 - 14　红外传感器模块原理图

高输入阻抗的输入端用于接入热释电敏感元,热释电信号转换成 16 位的数字信号,并进一步进行数字带通滤波处理,然后与可调节的阈值做比较获得移动探测信号,移动探测信号从一个推拉式 REL 输出端输出,所有的信号处理都在芯片上完成。

触发事件处理模式如下:

当传感器接收到的红外信号超过内部的触发阈值时,会产生一个计数脉冲。当再次接收到信号时,它会认为是接收到了第二个脉冲,一旦在 4 s 之内接收到 2 个脉冲,传感器 REL 引脚就会输出高电平表示有信号。另外,只要接收到的信号幅值超过触发阈值的 5 倍以上,就需要一个脉冲触发 REL 输出高电平。如果连续收到触发信号,则 REL 高电平的维持时间从最后一次有效触发开始计时延时 2.3 s 结束。

4. 继电器模块

继电器模块采用 HK4100F - DC5V - SHG,布置了 2 个 DC 5 V 继电器,并且引出接口。模块上还布置了 2 个 LED 指示灯作为功能提示使用。继电器模块原理图如图 4 - 15 所示。

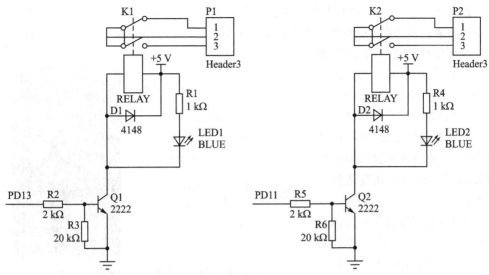

图 4 - 15　继电器模块原理图

5. 触摸按键模块

按键模块采用电容触摸按键,有 4 个触摸按键,搭配 BS814A - 1 可用来检测外部触摸按键上人手的触摸动作。该系列的芯片具有较高的集成度,仅需极少的外部组件便可实现触摸按键的检测。触摸按键模块原理图如图 4 - 16 所示。

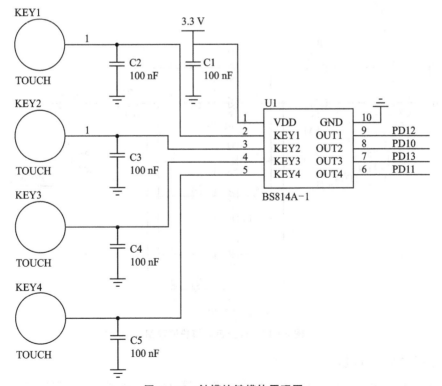

图 4 - 16　触摸按键模块原理图

BS814A－1 提供了串行及并行输出功能,可方便与外部 MCU 之间的通信,实现设备安装及触摸引脚监测的目的。芯片内部采用特殊的集成电路,具有高电源电压抑制比,可减少按键检测错误的发生,此特性保证在不利环境条件的应用中芯片仍具有很高的可靠性。

此触摸芯片还具有自动校准功能和低待机电流、抗电压波动等特性,为各种触摸按键的应用提供了一种简单而有效的实现方法。

同时,触摸按键模块还设有蜂鸣器。触摸按键模块蜂鸣器部分原理图如图 4－17 所示。

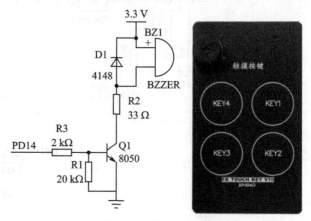

图 4－17 触摸按键模块蜂鸣器部分原理图

6. 可变色灯模块

可变色灯模块上布置了 3 颗 RGB－LED 灯,通过编程可实现 2^{24} 种颜色效果。可变色灯模块原理图如图 4－18 所示。

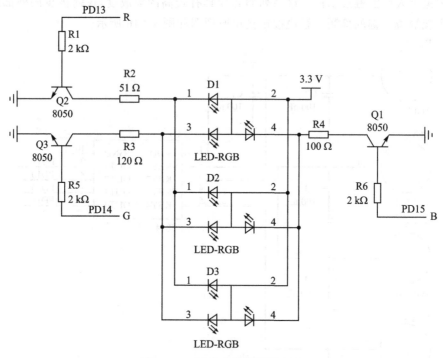

图 4－18 可变色灯模块原理图

7. 红外转发模块

红外模块中,红外发射管采用 3 W 红外发射管,红外接收器采用 LF0038L。

LF0038 内含高速高灵敏度 PIN 光电二极管和低功耗、高增益前置放大 IC,采用环氧树脂塑封封装设计。该产品已经通过 REACH 和 SGS 认证属于环保产品,在红外遥控系统中作为接收器使用。红外转发模块原理图如图 4-19 所示。

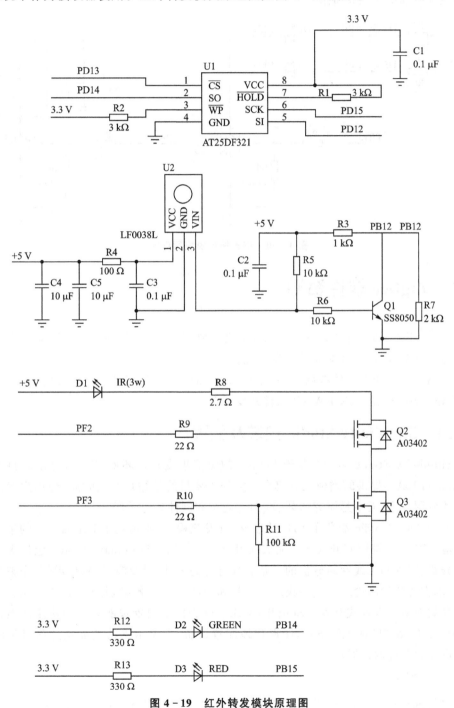

图 4-19　红外转发模块原理图

8. 声光警报模块

声光警报模块采用蜂鸣器作为声音报警器,采用红灯作为光线报警器。声光警报模块原理图如图 4 - 20 所示。

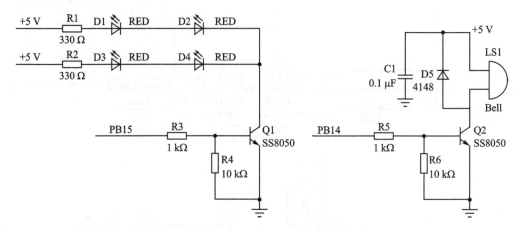

图 4 - 20　声光报警模块原理图

4.2　ZigBee 软件资源

进行 EFR32 的 ZigBee3.0 的开发,不仅需要相应的硬件实验平台,还需要准备好对应的开发软件,搭建好对应的开发环境。

本书使用的开发软件有两个:一个是 Simplicity Studio 开发平台(其内包含 IDE、SDK 等),另一个是 IAR EWAR 软件开发平台。

4.2.1　Simplicity Studio 安装及配置

Simplicity Studio 是一个基于 Eclipse 的免费集成开发环境(IDE),是由芯科实验室(Silicon Labs)提供的增值工具集合。它的主要目的是缩短开发时间,使用户专注于自己的应用程序,而不是研究蓝牙、ZigBee 规范和硬件参考手册。

Simplicity Studio 简化了 IoT(物联网)开发流程,可使用基于 Eclipse4.5 的集成开发环境(IDE),一键访问开发人员完成项目所需的一切。Simplicity Studio 包括应用于能源分析、配置和无线网络分析的一整套强有力的工具,以及演示、软件示例、完整的文件、技术支持和社区论坛。这些集成的工具和功能合力使各级别的 IoT 开发人员都能简单高效地从事嵌入式开发。Simplicity Studio 提供了内置智能以自动检测已连接的 8 位或 32 位 MCU 或无线 SoC,图形化地配置设备,并展示支持的配置选项以帮助开发人员在数分钟内开展项目。

1. 安装准备

安装 Simplicity Studio 首先需要下载安装文件。64 位 Windows 版下载地址:

https://www. silabs. com/documents/login/software/installstudio-v4_x64. exe

32 位 Windows 版下载地址：

https://www. silabs. com/documents/login/software/installstudio-v4. exe

另外，在本书的开发学习过程中，需要使用芯科公司的 ZigBee3.0 协议栈和 SDK，虽然能免费下载，但是要先进行账号注册才能下载。

芯科公司账号注册地址如下：

https://siliconlabs. force. com/apex/SL_CommunitiesSelfReg? form＝short

2. 仿真器驱动安装

由于天诚 ZigBee 开发套件使用 J－Link 进行程序仿真调试与下载，所以需要事先安装 J－Link 驱动。

打开【工具及软件】中的【Setup_JLinkARM_V440. exe】驱动文件，双击进行安装，使用默认安装即可。安装完成后，打开电脑的设备管理，如图 4－21 所示。

图 4－21　J－Link 驱动安装完成

3. Simplicity Studio 安装

打开资料包内的【工具及软件】文件夹，找到 installstudio-v4_x64. exe 文件，双击进行安装。选择"I accept the terms of the license agreement"同意用户协议，单击 NEXT 按钮，进入下一步。

设置软件的安装路径，建议安装在盘的根目录下，路径不要含有中文以及中文字符，同时预留有 10 GB 以上的硬盘空间。设置完成后，单击 NEXT 按钮，进入下一步。单击 Install 按钮，开始安装。

完成安装后，软件会自动开启，界面如图 4－22 所示。

将 ZigBee 液晶底板通过 J－Link 连接到电脑后，输入之前注册的芯科账号进行登录，成功登录后，Simplicity Studio 会自动进行软硬件信息的检测及更新，完成信息检测后，会提示升级，如图 4－23 所示。

单击 Yes 按钮后，进入到升级选择页面，此处可以通过按设备（即芯片型号）和产品组（即技术）分类进行 SDK 下载。天诚 ZigBee 开发套件使用的芯片是 EFR32MG1B132F256GM48，使用的技术是 ZigBee3.0。此时，选择 Install by Product Group 进行 SDK 的下载，如图 4－24 所示。

图 4 - 22　打开安装界面

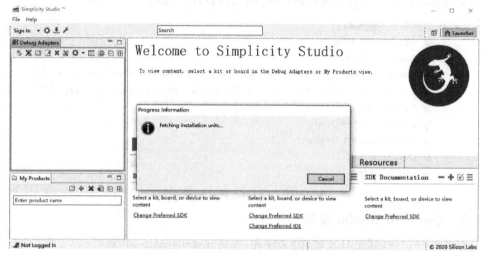

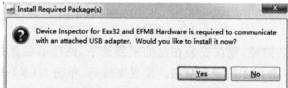

图 4 - 23　自动进行软硬件检测及更新

图 4 - 24　按产品组下载

选择的需要 ZigBee 复选项,单击 Next 按钮进入下一步,如图 4 - 25 所示。

图 4 - 25　选择 ZigBee 复选项

确认下载信息,单击 Next 按钮进入下一步,如图 4 - 26 所示。

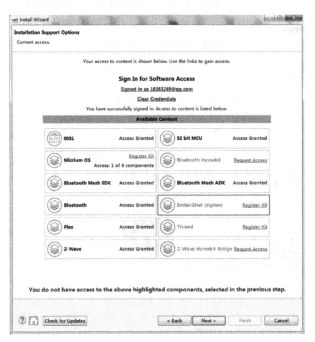

图 4 - 26　确认下载信息

确认升级选项,单击 Next 按钮进入下一步,如图 4 - 27 所示。

图 4-27 确认升级选项

在此可以阅读 SDK 的使用协议,单击 Accept 下方选择同意协议,同意用户使用协议后,单击 Finish 按钮正式开始下载安装 SDK。下载 SDK 需要较长时间,要耐心等待,同时请保证在此期间的网络通畅,如图 4-28 所示。

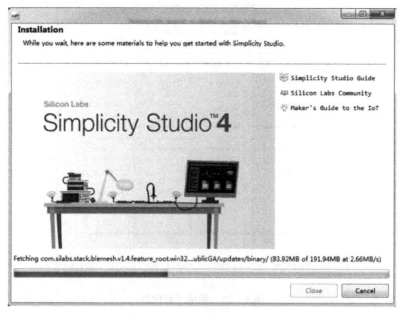

图 4-28 下载安装 SDK

SDK 下载完成后,需要重启 Simplicity Studio 完成安装,单击 Yes 按钮,重启 Simplicity Studio。

重启 Simplicity Studio 后,会出现一个使用引导,如图 4-29 所示,单击 Exit tour 按钮退出引导,单击 Take the Tour 按钮进入引导。进入引导后,软件会有一系列弹窗引导用户熟悉软件,在引导过程,可以单击 Exit tour 按钮直接退出使用引导。至此 Simplicity Studio 及 SDK 安装完成,软件开发平台搭建完成。

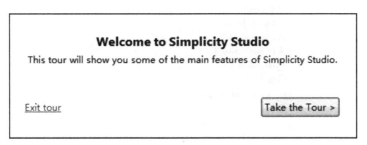

图 4-29　安装完成

4. Simplicity Studio 主界面介绍

Simplicity Studio 安装完成后,需要先了解一下 Simplicity Studio 主界面的各个主要按钮及各功能区,下面介绍一下常用的主要操作界面。图 4-30 所示为软件左上角的主要设置、功能按钮,主要功能分别如下:

1——账号登录及退出,用户信息查看等;

2——Simplicity Studio 设置;

3——SDK 下载与管理;

4——Simplicity Studio 工具选择。

图 4-30　常用设置、功能按钮

在软件右上角是界面切换按钮,如图 4-31 所示,这个区域的按钮主要是不同界面的切换。

图 4-31　界面切换按钮

1——不同界面快速选择,可以设置界面切换菜单栏里显示的快捷菜单选项,如图 4-32 所示。

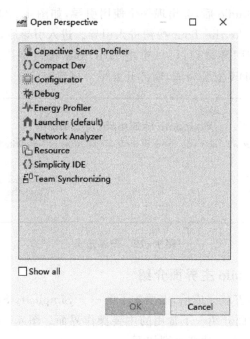

图 4-32　界面显示菜单

2——快速切换至主界面。

3——快速切换至 Simplicity IDE 界面,如图 4-33 所示。

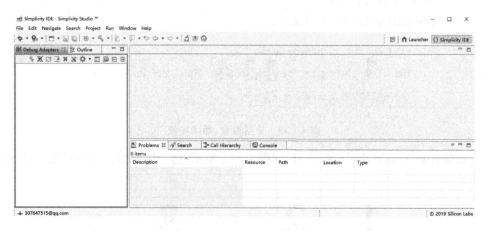

图 4-33　Simplicity IDE 界面

当开发板连接至电脑后,Simplicity IDE 界面左上角出现硬件连接选项,单击 按钮进入硬件(仿真器)连接设置区域,如图 4-34 所示。选中后,进入硬件设置界面,如图 4-35 所示。

图 4 - 34　硬件连接设置区域

图 4 - 35　硬件设置界面

5. Simplicity Studio 本地导入 ZigBee 协议栈

在本书中,所有例程均使用 V2.4 版的协议栈,为统一开发步骤,建议各位开发者先使用 V2.4 版本的协议栈进行本书例程的开发。

同时,更新协议栈一般是下载最新版本,因此,更低版本的 V2.4 版本协议栈需要通过本地导入进软件。

① 找到资料包中的文件夹【工具及软件】,将其中的 v2.4.zip 移动到 Simplicity Studio 安装路径下的 SiliconLabs\Simplicity Studio\v4\developer\sdks\gecko_sdk_suite 文件内,并解压到当前文件夹,由于文件比较大,解压时间可能比较长,请耐心等待。

② 打开 Simplicity Studio,单击 ✿ 按钮打开 Simplicity Studio 的设置。

在 Simplicity Studio 设置中的 Simplicity Studio 菜单下找到 SKDs 设置选项,并单击右侧的 Add 按钮。

在弹出的 SDK 添加界面中单击 Browse 按钮,并在弹窗中选择\Silicon-Labs\SimplicityStudio\v4\developer\sdks\gecko_sdk_suite 下的 V2.4 文件夹。选定文件夹后,单击 OK 按钮,结果如图 4 - 36 所示。在 SDK 添加界面中单击 OK 按钮,返回 SDK 管理界面,如图 4 - 37 所示。

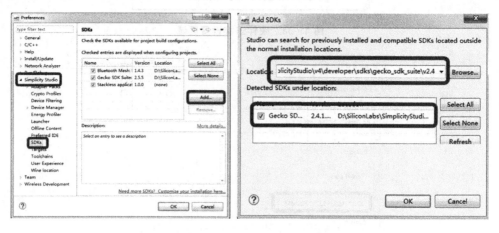

图 4 - 36　添加本地 SDK 步骤

图 4 - 37　SDK 管理

6. Simplicity Studio 工具管理

在 Simplicity Studio 软件左上方,单击 按钮,如图 4 - 38 所示。

单击 Package Manager 一栏,切换至 Tools 选项卡,可对所有工具进行安装管理。在本书中,需要使用的工具为 IAR ARM Toolchain Integration 4.2.2 和 IAR Embedded Workbench Integration 4.2.1,请检查是否已经安装,如果没有安装,单击 Install 按钮进行安装。

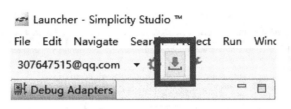

图 4 - 38　下载管理

4.2.2　IAR - EWARM 安装及配置

IAR Embedded Workbench 是瑞典 IAR Systems 公司为微处理器开发的一个集成开发环境,支持 C51、ARM、AVR、MSP430 等芯片内核平台。

1. IAR - EWARM 的安装

在资料包的【工具及软件】文件夹内找到 EWARM-CD-7804-12495. exe 安装包进行安装。安装开始前,软件会先将安装文件解压到临时文件夹,需要等待一会儿。

解压完成后,单击 Install IAR Embedded Workbench,开始安装 IAR,如图 4 - 39 所示。

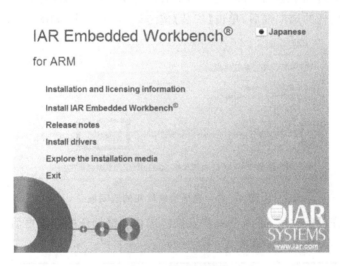

图 4 - 39　安装界面

单击 Next 按钮开始安装。同意用户协议,单击 Next 按钮进入下一步。

单击 Change 按钮可以更改安装路径,但需要注意磁盘有足够的空间并且路径中不要含有中文。之后的安装过程,使用默认安装即可,单击 Next 按钮直接进入下一步。

由于 IAR 安装需要一段时间,请耐心等待其安装完成。安装过程如果出现如图 4 - 40 所示提示,则单击【是(Y)】按钮,继续安装。

完成安装后,单击 Finish 按钮。

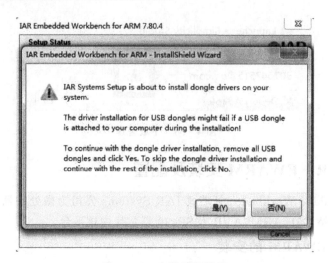

图 4-40　安装过程提示

2. IAR 自带驱动安装

完成安装后,IAR 会自动启动。IAR 启动后,会自动安装一些驱动,单击【安装】即可。在安装驱动过程中会出现多个安装,所有都是单击【安装】即可。

选择始终信任的选项框后,单击【安装】按钮,进入下一步,如图 4-41 所示。

图 4-41　选择始终信任的选项框

同意安装许可条款后,进入下一步安装。选择始终信任的选项框后,单击【安装】按钮,进入下一步,如图 4-42 和图 4-43 所示。

图 4-42　安　装

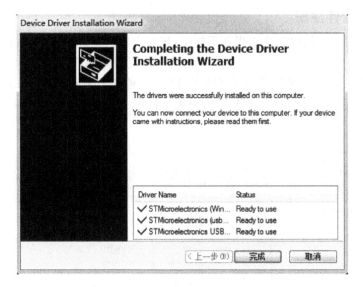

图 4 - 43　完成安装,进入下一步

选择始终信任的选项框后,单击【安装】选项,进入下一步,如图 4 - 44 所示。如果出现如图 4 - 45 所示的警告,则选择【始终安装此驱动程序软件】按钮,继续下一步。

继续下一步,直至单击 Close 按钮完成安装。

图 4 - 44　选择始终信任的选项框,并安装

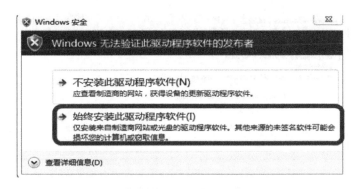

图 4 - 45　选择【始终安装此驱动程序软件】

3. IAR 软件注册

在启动 IAR 后,同时也会出现如下提示,按要求输入 IAR 的产品序列号完成注册即可。

IAR 的产品序列号可以通过线下购买、IAR 官网在线购买等多种方式获得。如果不输入 IAR 产品序列号或没有注册成功,将无法使用 IAR 编译工程,出现如图 4 - 46 所示的错误。

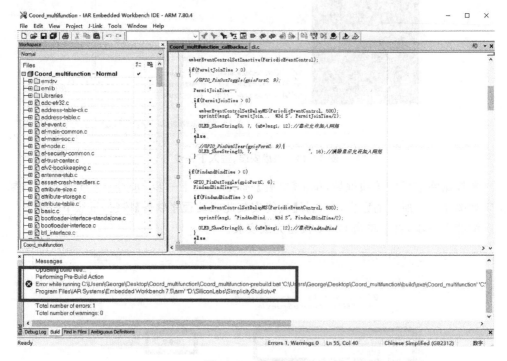

图 4 - 46　完成注册

完成注册后,单击 Help 菜单,选择 License manager 选项,进入序列号管理界面如图 4 - 47 所示,表明 IAR 注册成功。

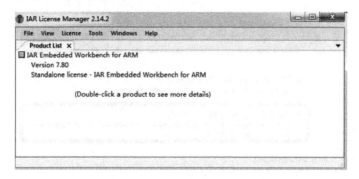

图 4 - 47　安装驱动界面

4.3　ZigBee 网络协议栈 EmberZNet PRO 概述

　　在正式进入 ZigBee3.0 的开发学习前,先了解一下 ZigBee 网络协议栈,本书中的开发板由于采用 Silicon(芯科)公司的 ZigBee 芯片,因此,以 Silicon Labs 的 ZigBee 网络协议栈 EmberZNet PRO 进行介绍。

　　Silicon Labs 的 ZigBee 网络协议栈 EmberZNet PRO 是 Silicon Labs 提供的、基于 ZigBee 协议的 ZigBee 协议堆栈,其支持最新的 ZigBee3.0 规范,以库形式提供,封装在 ZigBee SDK 内。用户需要至少购买 Silicon Labs 的一套 ZigBee 相关的开发套件以便获取其序列号到 Simplicity Studio 上进行 SDK 下载。

　　为了使用协议栈 EmberZNet 进行开发,至少需要一套硬件设备(如开发套件)、软件开发平台(如 Simplicity Studio)和协议栈 EmberZNet PRO。使用 Simplicity Studio 开发平台可以方便地创建自己的个人应用工程,并且 Simplicity Studio 提供图形化的界面进行协议栈 EmberZNet PRO 各项配置。

　　Silicon Labs 的 ZigBee 网络协议栈 EmberZNet PRO 支持实现更大、更密集、更低功耗、更具移动性、更安全和更灵活的 ZigBee 网络。ZigBee 网络协议栈 EmberZNet PRO 是一款完备 ZigBee 协议软件包,包含 Silicon Labs Ember 平台运行之强大而可靠的网状网络应用程序所需的全部要素。EmberZNet PRO 开发框架如图 4-48 所示。

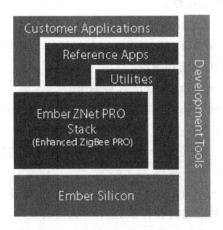

图 4-48　EmberZNet PRO 开发框架

　　ZigBee 协议栈 EmberZNet PRO 包括业内最成熟的、可靠的、基于 ZigBee PRO 功能集的 ZigBee 协议栈以及 Silicon Labs 独一无二的创新技术,提供适合最具挑战性应用的"专业级"网络,如智能能源/高级计量基础设施(AMI)、家庭自动化、家庭安防、智能照明和楼宇自动化系统等。

　　经济易用的 ZigBee 开发套件配合强大的 ZigBee 协议栈 EmberZNet PRO,显著地加快了 ZigBee 认证产品的开发。灵活的实用程序库,包括无线引导加载程序和制造测试功能,可使产品迅速从开发实验室转入实际应用部署。集成功能强大的开发工具可确保 ZigBee 开发成功。

ZigBee 网络协议栈 EmberZNet PRO 是目前市场上部署最广、最成熟可靠和可扩展性最强的 ZigBee 协议栈。ZigBee 网络协议栈 EmberZNet PRO 可支持功能强大而可靠的网状网络,如图 4-49 和图 4-50 所示。

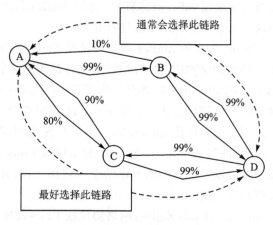

图 4-49　ZigBee 网状结构 　　　　　　　　　图 4-50　非对称链路处理

ZigBee 网络协议栈 EmberZNet PRO 是最强大、可靠和易用的 ZigBee 平台,满足当前复杂网状网络的需求和特性。

ZigBee 网络协议栈 EmberZNet PRO 是一款完备的软件包,包括部署最广的认证堆栈和 ZigBee PRO 功能集。ZigBee PRO 功能集包括非对称链路处理、路由聚合和频率敏捷性,以增强网络可扩展性和弹性。

ZigBee 协议栈 EmberZNet PRO 的优势如下:

- 更大的网络——随机寻址扩展、多对一/源路由和非对称链路处理可使单网络扩展至数千节点。
- 更密集的网络——通过 Silicon Labs 智能表格管理实现,确保网络稳定性,即使众多路由节点集中在一起。
- 更低功耗的网络——通过兼容的 Ember 增强显著延长终端设备的电池寿命,如可配置的深度睡眠超时和特殊 ZigBee 路由器父功能。
- 更具移动性的网络——明确确定和优化网络内的移动 ZigBee 终端设备（ZED）。
- 更安全的网络——通过实施高级网络加密和设备安全的众多可选的 ZigBee PRO 安全扩展插件实现。
- 更灵活的网络——通过 ZigBee PRO 频率敏捷性功能实现,可使整个网络更改信道以防干扰。

1. 参考应用程序

Silicon Labs Ember 开发工具可用于快速开发特定的可认证的 ZigBee 应用程序,

将初始开发时间从天/周缩减为分钟/小时。Ember AppBuilder 能够通过简单的清单
创建完整的应用程序代码,并提供自定义和供应商特定功能模板。

2. 高级实用程序和调试工具

ZigBee 网络协议栈 EmberZNet PRO 堪称强大而可靠的网络应用程序开发平台,
并且无与伦比的实用程序和网络调试工具套件可简化开发过程,加速高质量产品的批
量生产时间:

- Ember 桌面网络分析器和业内首款 ZigBee 网络虚拟化和调试工具。它可在
  Ember 开发环境和部署系统内运行,记录若干层级的网络流量。该信息随后会
  分组、排序和显示,立即查明任何可疑的网络相关问题的原因。
- Ember 开发套件专为设立正式开发计划的 OEM 开发,可使用户迅速制造应用
  程序原型。
- 制造工具可使用户迅速测试 Ember 硬件和应用程序,以保证质量并最大限度
  地降低测试成本。
- Ember AppBuilder 工具可帮助 OEM 快速开发出可认证的 ZigBee 智能能源、
  ZigBee 家庭自动化和 ZigBee 光链路应用程序功能对比。

图 4‒51 所示对比了 ZigBee 网络协议栈的 EmberZNet PRO、ZigBee、ZigBee PRO
功能集。

标准功能	ZigBee Feature Set	ZigBee PRO Feature Set	EmberZNet PRO 堆栈
解决	树状	随机	随机
路由	树状和网状	网状	网状
聚合	否	必填项	是
不对称链路	否	必填项	是
频率敏捷性	可选	必填项	是
APS 多路传送	必填项	支持	是
网络多路传送	否	必填项	支持
存储残片	可选	可选	是
基本安全	住宅/民用	标准	标准
APS 加密	可选	可选	是
高度安全	否	可选	否
高级安静和移动 ZED	否	否	是
密集网络	否	否	是

图 4‒51　EmberZNet PRO、ZigBee、ZigBee PRO 功能集对比

注意：ZigBee 网络协议栈 EmberZNet PRO 符合 ZigBee PRO 规范，并集成了 Silicon Labs Ember 特定增强功能。ZigBee 网络协议栈 EmberZNet PRO 高度集成并与 ZigBee EM35x 或 EFR32MG 芯片系列封装在一起。

协议栈 EmberZNet PRO 底层主要以库形式提供，应用通过 API 来调用协议栈 EmberZNet PRO，协议栈 EmberZNet PRO 的 API 按功能划分为 16 部分，分别是：

- Network Formation；
- Packet Buffers；
- Sending and Receiving Messages；
- End Devices；
- Security and Trust Center；
- Event Scheduling；
- Stack Information；
- Ember Common Data Types；
- Binding Table；
- Configuration；
- Status Codes；
- Stack Tokens；
- ZigBee Device Object（ZDO）；
- Bootloader；
- Manufacturing and Functional Test Library；
- Debugging Utilities。

下面介绍协议栈 API 文件和目录结构，如图 4 - 52 所示。

图 4 - 52　协议栈目录结构

<stack/config/config.h>：文件包含了协议栈版本，可以在任何时候使用并与技术支持人员沟通，或在验证使用的协议栈版本是否正确时进行沟通。版本号的格式在文件中进行了描述。

　　<stack/config/ember-configuration-defaults.h>：文件描述了编译时可配置的影响 EmberZNet PRO 协议栈行为的选项。这些应该设置在 CONFIGURATION_HEADER 或在项目中，以便在所有文件中正确设置值。

　　<stack/include>：此目录包含所有 API 头文件。正确的应用程序包括在 ember.h，所以应用程序通常只需要包含 ember.h。这些文件可以作为高级开发人员的参考资源。API 参考文档是由这些头文件生成的。

4.4　工程的创建与下载

　　软件环境搭建好以后，便可以着手进行 ZigBee3.0 的开发。下面将通过一个实际的例子带领读者熟悉芯科 ZigBee3.0 的开发步骤。

4.4.1　项目概述

　　本项目是一个基于 ZigBee3.0 的简易项目，将节点组网后，通过按键操作控制节点上 LED 的亮灭。

4.4.2　项目流程

　　本项目的流程如下：

　　① 依次创建两个名为 Coord_custom 和 myLight 的工程，编写完成代码后，分别下载至两块开发板上；

　　② 通过两块开发板的配置流程依次进行组网连接；

　　③ 实验验证。

4.4.3　软件设计

1. 协调器工程的创建

　　① 将开发板连接至电脑，打开 Simplicity Studio 开发工具，在软件左侧选择好开发板后单击 New Project 创建工程。

　　② 选择应用程序类型为 ZCL Application Frames V2，进入下一步。

　　③ 选择 EmberZBNet 6.4.1.0 GA SoC 6.4.1.0 选项，进入下一步，如图 4 - 53 所示。

　　④ 选择 Start with a blank application 选项框，进入下一步。

　　⑤ 重命名工程，输入工程名称 Coord_custom，并单击 Next 按钮。

　　⑥ 确认型号并激活 AIAR ARM 为工程默认编译器。

　　⑦ 确认型号并激活 IAR ARM 为工程默认编译器。

智能家居系统开发实践

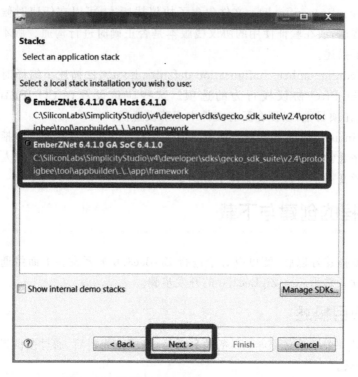

图 4 - 53　选择 EmberZBNet 6. 4. 1. 0 GA SoC

⑧ 在软件右上角选择 Simplicity IDE,切换显示样式,并打开工程对应的 isc 配置文件,对工程进行设置,如图 4 - 54 所示。

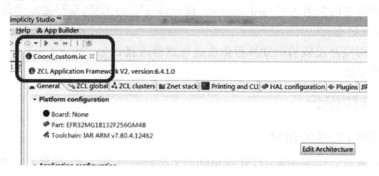

图 4 - 54　Simplicity IDE 界面下的工程

⑨ 选中配置页面下的第一个窗口 General,单击 Edit Architecture 按钮,进行编译环境选择,确定编译环境为 IAR,可以使用 IAR 编译工程,如图 4 - 55 所示。

⑩ 切换至 ZCL clusters 选项卡,并设置设备模板类型为 ZigBee Custom 下的 HA On/Off Switch,如图 4 - 56 所示。

⑪ 修改 Device Id 为 0x0007,并在 Cluster name 里增加 Cluster 和 Attributes 支持,同时确认本设备为 Client,如图 4 - 57 所示。

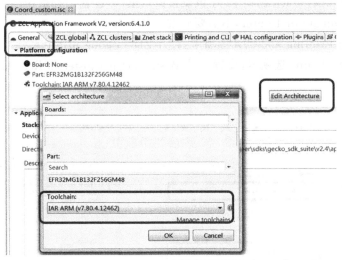

图 4 - 55　设置编译环境

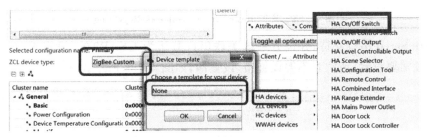

图 4 - 56　设置设备模板类型为 HA On/Off Switch

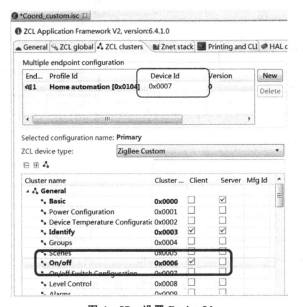

图 4 - 57　设置 Device Id

⑫ 切换至 Znet stack 选项卡,在该设置窗口里,可设置工程适用的类型,本工程默认设置为 Coordinate or Router,不需要修改。

⑬ 切换至 Printing and CLI 选项卡,打开 ZDO debug printing。

⑭ 切换至 Plugins 选项卡,设置支持 Basic Server Cluster 和 Reporting,如图 4 - 58 所示。

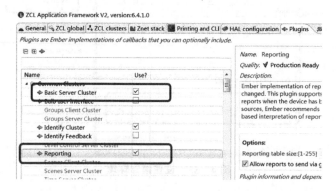

图 4 - 58 支持 Basic Server Cluster 和 Reporting

增加 Serial 串口支持,并设置系统关联串口默认为 USART0。设定串口参数,有多个选项需要设置,请注意不要设置错、设置漏,如图 4 - 59 所示。

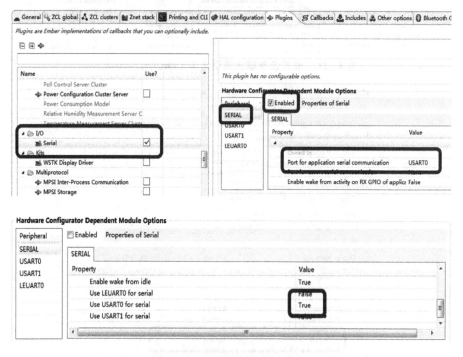

图 4 - 59 设置系统默认串口

USART0 参数,取消硬件流控制,并设置 I/O 口为 PA0、PA1,如图 4 - 60 所示。

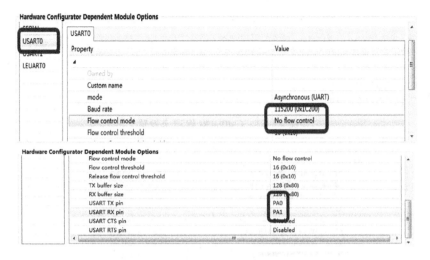

图 4 - 60　设置串口参数

本工程适用于 Coord,不需要进行睡眠,因此要取消 Idle/Sleep、Heartbeat。

在 ZigBee3.0 上设置,选择 Sleepy Message Queue、Find and Bind Target、Network Creator、Network Creator Security 选项,取消 Network Steering、Update TC Link Key 选项,如图 4 - 61 所示。

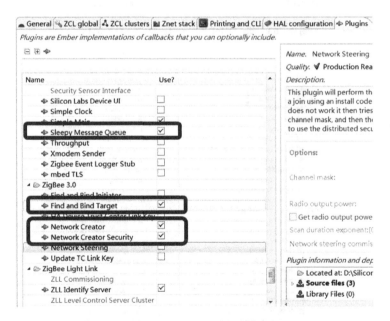

图 4 - 61　Plugins 参数设置

⑮ 切换至 Callbacks 选项卡,打开 None-cluster related 进行设置,如图 4 - 62 所示。

⑯ 选中支持按键中断回调和 main 初始化回调选项,如图 4 - 63 和图 4 - 64 所示。

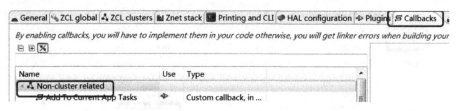

图 4 - 62 Callbacks 选项卡设置

Name	Use	Type
$\mathcal{S}$ Get Long Poll Interval Ms	☐	Custom callback
$\mathcal{S}$ Get Long Poll Interval Qs	☐	Custom callback
$\mathcal{S}$ Get Short Poll Interval Ms	☐	Custom callback
$\mathcal{S}$ Get Short Poll Interval Qs	☐	Custom callback
$\mathcal{S}$ Get Source Route Overhead	⬦	Custom callback, in plugin...
$\mathcal{S}$ Get Wake Timeout Bitmask	☐	Custom callback
$\mathcal{S}$ Get Wake Timeout Ms	☐	Custom callback
$\mathcal{S}$ Get Wake Timeout Qs	☐	Custom callback
$\mathcal{S}$ **Hal Button Isr**	☑	**Custom callback**
$\mathcal{S}$ Initiate Inter Pan Key Establishment	☐	Custom callback
$\mathcal{S}$ Initiate Key Establishment	☐	Custom callback
$\mathcal{S}$ Initiate Partner Link Key Exchange	☐	Custom callback
$\mathcal{S}$ Inter Pan Key Establishment	☐	Custom callback
$\mathcal{S}$ Interpan Send Message	☐	Custom callback
$\mathcal{S}$ Key Establishment	☐	Custom callback
$\mathcal{S}$ **Main Init**	☑	**Custom callback**
$\mathcal{S}$ Main Start	☐	Custom callback
$\mathcal{S}$ Main Tick	☐	Custom callback

图 4 - 63 选择 Hal Button Isr、Main Init 选项

Name	Use	Type
$\mathcal{S}$ Set Wake Timeout Ms	☐	Custom callback
$\mathcal{S}$ Set Wake Timeout Qs	☐	Custom callback
$\mathcal{S}$ **Stack Status**	☑	**Custom callback**
$\mathcal{S}$ Start Move	☐	Custom callback
$\mathcal{S}$ Start Search For Joinable Network	☐	Custom callback
$\mathcal{S}$ Stop Move	☐	Custom callback
$\mathcal{S}$ Trust Center Join	☐	Custom callback
$\mathcal{S}$ Trust Center Keepalive Abort	☐	Custom callback
$\mathcal{S}$ Trust Center Keepalive Update	☐	Custom callback
$\mathcal{S}$ Unused Pan Id Found	☐	Custom callback
$\mathcal{S}$ Write Attributes Response	☐	Custom callback
$\mathcal{S}$ Zigbee Key Establishment	☐	Custom callback
$\mathcal{S}$ came back from EM4	☐	Custom callback
▲ ⚛ Plugin-specific callbacks		
$\mathcal{S}$ Reset To Factory Defaults	☐	Plugin specific: Basic Serv...
$\mathcal{S}$ Broadcast Sent	☐	Plugin specific: Concentrat...
$\mathcal{S}$ Rollover	☐	Plugin specific: Counters
$\mathcal{S}$ Network Found	☐	Plugin specific: Form and ...
$\mathcal{S}$ Unused Pan Id Found	☐	Plugin specific: Form and ...
$\mathcal{S}$ Start Feedback	☐	Plugin specific: Identify Cl...
$\mathcal{S}$ Stop Feedback	☐	Plugin specific: Identify Cl...
$\mathcal{S}$ **Complete**	☑	**Plugin specific: Network ...**
$\mathcal{S}$ Get Pan Id	☐	Plugin specific: Network C...
$\mathcal{S}$ Configured	☐	Plugin specific: Reporting
$\mathcal{S}$ Get Default Reporting Config	☐	Plugin specific: Reporting
$\mathcal{S}$ Message Timed Out	☐	Plugin specific: Sleepy Me...
▷ ⚛ Handlers defined by stack		

☑ Generate project-specific callbacks file

图 4 - 64 选择 Stack Status 和 Complete 选项

注意：

① 函数用于层间协作，上层将本层函数安装在下层，这个函数就是回调，而下层在一定条件下触发回调。

例如作为一个驱动，是一个底层，它在收到一个数据时，除了完成本层的处理工作外，还将进行回调，将这个数据交给上层应用层来做进一步处理，这在分层的数据通信中很普遍。

② 程序框架中没有回调与资源清理关联。如果要在考虑资源清理的 Unix 主机上实现应用程序，我们希望用户使用标准的 Posix 系统调用，包括使用 atexit()和处理程序处理信号，如 SIGTERM、SIGINT、SIGCHLD、SIGPIPE 等。如果使用 signal()函数注册信号处理程序，请注意返回的值可能是应用程序框架函数。如果返回值是非空的，请确保从处理程序调用返回的函数，以避免否定应用程序框架本身的资源清理。

⑰ 至此，Coord 工程设置完毕，将设置保存以后，单击右上角的 Generate 按钮，创建工程，自动生成代码。

⑱ 在资料包中找到三个液晶驱动程序文件 oled.c、oled.h、oledfont.h，将其复制到：\SiliconLabs\SimplicityStudio\v4\developer\sdks\gecko_sdk_suite\v2.4\app\builder\Coord_custom 目录下，如图 4-65 所示。

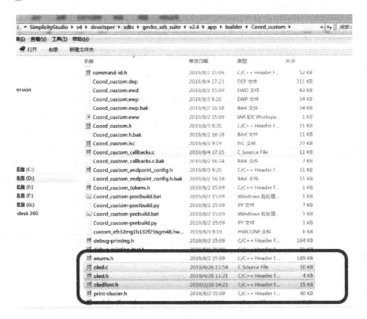

图 4-65　复制液晶驱动程序文件

⑲ 返回 Coord_custom.isc 设置中，切换到 Include 选项卡，将 oled.c 添加到工程中，如图 4-66 所示。

添加完液晶驱动文件后，下拉设置菜单，找到 Custom Events，单击右侧的 New 按钮，为工程增加事件。

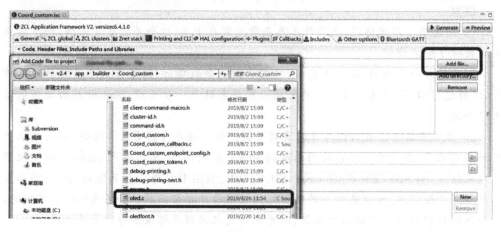

图4-66 添加液晶驱动程序文件至工程

需要为工程增加两个事件：一个是自动建网事件用于上电自动建立网络 commissioningEventControl 和 commissioningEventFunction，另一个是周期性事件用于计时 PeriodicEventControl 和 PeriodicEventFunction。添加完成后如图4-67所示。

▾ **Custom Events**

Control	Function
PeriodicEventControl	PeriodicEventFunction
commissioningEventControl	commissioningEventFunction

图4-67 事件增加完成

⑳ 再次生成工程，因为此前生成过一次工程代码，此时需要注意提示弹窗，选择覆盖操作，将尚未编写程序的三个文件全部修改覆盖，如图4-68所示。

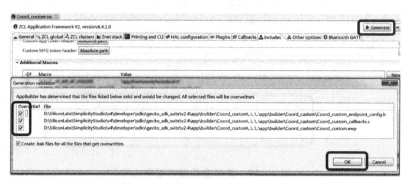

图4-68 选择覆盖文件

㉑ 从工程左侧代码目录里找到并打开后缀为 hwconf 的文件，对芯片进行配置。在显示的文件详情窗口下方单击 DefaultMode Peripherals 选项卡，切换到芯片配置页面，如图4-69所示。

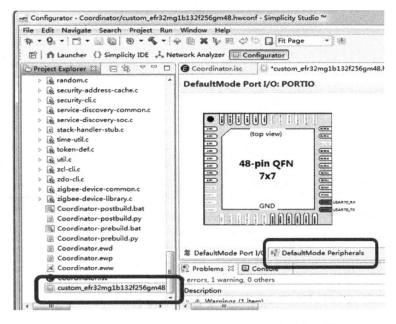

图 4 - 69　双击 DefaultMode Peripherals 进行芯片配置

㉒ 在上方 Peripherals 设置中,选择电源 DCDC 设置,取消选择的 PTC 设置。选中 CMU 选项卡,设置晶振,如图 4 - 70 所示。

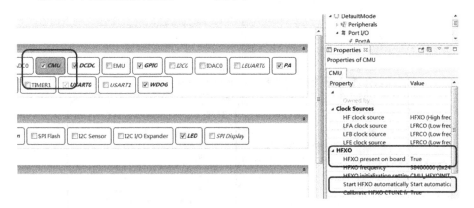

图 4 - 70　设置晶振选项

切换到 Butoon 选项卡,设置按键的数量、对应 I/O 口、触发方式等,本工程中暂时配置两个按键,如图 4 - 71 所示。

切换到 LED 选项卡,设置 LED 数量为四个,并分别设置对应的 I/O 口,如图 4 - 72 所示。

㉓ 保存配置,生成程序源码,如图 4 - 73 所示。

㉔ 在软件左侧找到 Coord_custom. eww 文件,若 IAR 安装完成,eww 格式文件指向 IAR 软件打开,可以直接双击该文件,IAR 会自动打开工程。打开工程后,单击上方

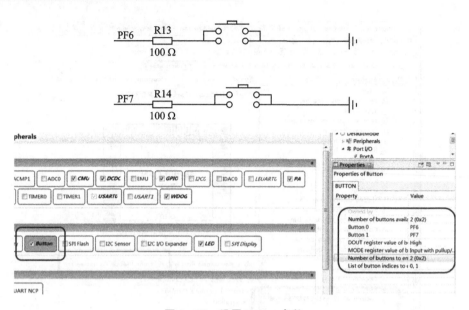

图 4 - 71 设置 Button 参数

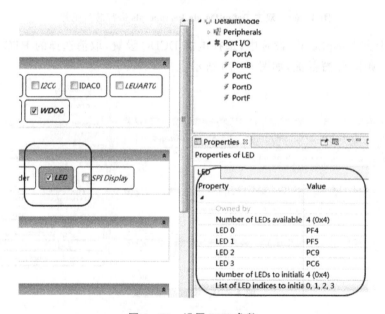

图 4 - 72 设置 LED 参数

快捷菜单栏的编译 按钮,若编译结果为 0 error,则工程无误,如图 4 - 74 所示。

编译无误的工程就可以进行烧录下载,程序烧录时首先检查硬件连接,查看开发板以及仿真器是否正确安插在 ZigBee 开发套件的液晶底板上,ZigBee 模块及任意一块传感器模块正确安装在液晶底板上。通过 USB 线把仿真器与计算机连接起来。

在 Simplicity Studio 的主界面上,单击 工具图标。

在弹出的工具界面中,选择 Simplicity Commander 下载工具。

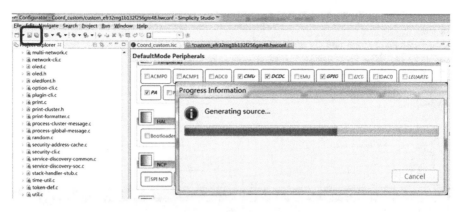

图 4 - 73　保存配置，创建代码

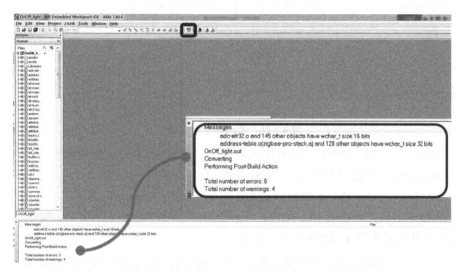

图 4 - 74　工程编译

在弹出的下载窗口中，找到 J - Link Device，选择相应的设备后，单击左侧的 Con-nect 按钮来检查仿真器硬件的连接，如果没有反应，返回 Simplicity Studio 主界面检查仿真器连接的配置，如图 4 - 75 所示。

图 4 - 75　J - Link 设备选择

连接成功后如图 4 - 76 所示，第二行按钮激活，此时可单击第二个 Connect 按钮来检查 ZigBee 模块，连接成功后，右侧 Device 中应显示 EFR32MG1B132F256GM48。

在左侧切换至 Flash 界面后，单击 Erase chip 按钮擦除芯片。

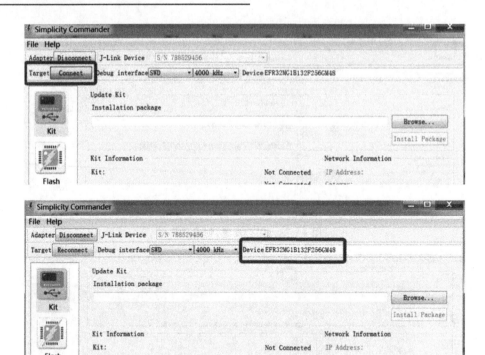

图 4 - 76　ZigBee 设备检查

　　擦除成功后,软件会弹出一个擦除成功的提示弹窗,单击 OK 按钮继续。

　　单击 Browse 按钮进行烧录文件的选择,打开对应目录 SiliconLabs/Simplicity-Studio/v4/developer/sdks/gecko_sdk_suite/v2.4/app/builder/Coord_Custom/build/exe,并选择 Coord_Custom.s37 文件。选择到对应文件后,单击 Browse 按钮下方的 Flash 按钮进行程序烧录,如图 4 - 77 所示。

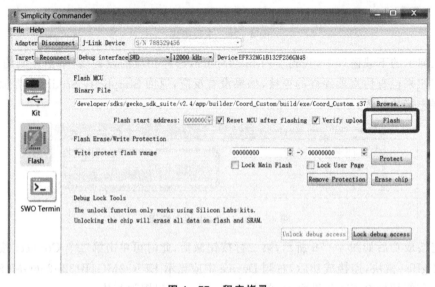

图 4 - 77　程序烧录

将资料包中提供的 serial-uart-bootloader_Efr32mg1b132f256gm48. s37 文件移动到目录:\SiliconLabs\SimplicityStudio\v4\developer\sdks\gecko_sdk_suite\v2. 4\app\builder\下,再次单击 Browse 按钮,选中该文件进行烧录。

　　注:若是在同一块开发板上只对同一个工程进行修改需要重新烧录时,serial-uart-bootloader_Efr32mg1b132f256gm48. s37 文件不用烧录,但是在更换开发板或者更换下载工程时,上述流程以及对应的 bootloader 文件是必须进行烧录的。

　　此时,程序烧录完成,单击开发板上的复位按键,运行程序即可。

2. OnOff_Light 工程的创建

　　① 依据上述协调器工程流程创建一个名为 OnOff_Light 的工程,如图 4 - 78 所示。

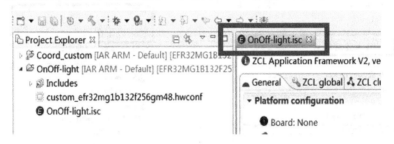

图 4 - 78　创建 OnOff_light 工程

　　② 将设备类型修改为自定义设备 ZigBee Custom 下 HA On/Off Light。

　　③ 在 Znet stack 中设置 ZigBee 设备类型为 Router(路由节点)。

　　④ 在 Plugins 上设置,取消 Heart/beat 和 Idle/Sleep,选择 Sleepy Message Queue、Find and Bind Target 选项,如图 4 - 79 所示。

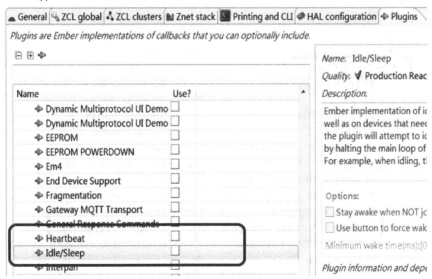

图 4 - 79　修改 Plugins 选项

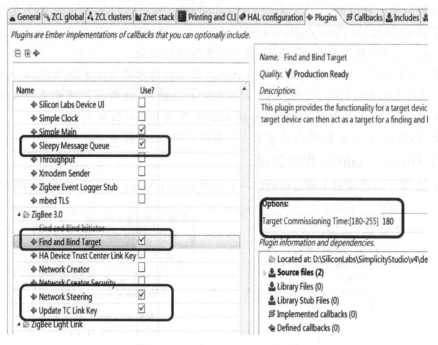

图 4-79　修改 Plugins 选项(续)

⑤ 在 Callbacks 选项卡,找到 Hal Button Isr、Main Init、Stack Status 选项并选择,以及 OnOff Cluster 里的 Server Attributs Changed(状态改变回调)选项并选择,如图 4-80 所示。

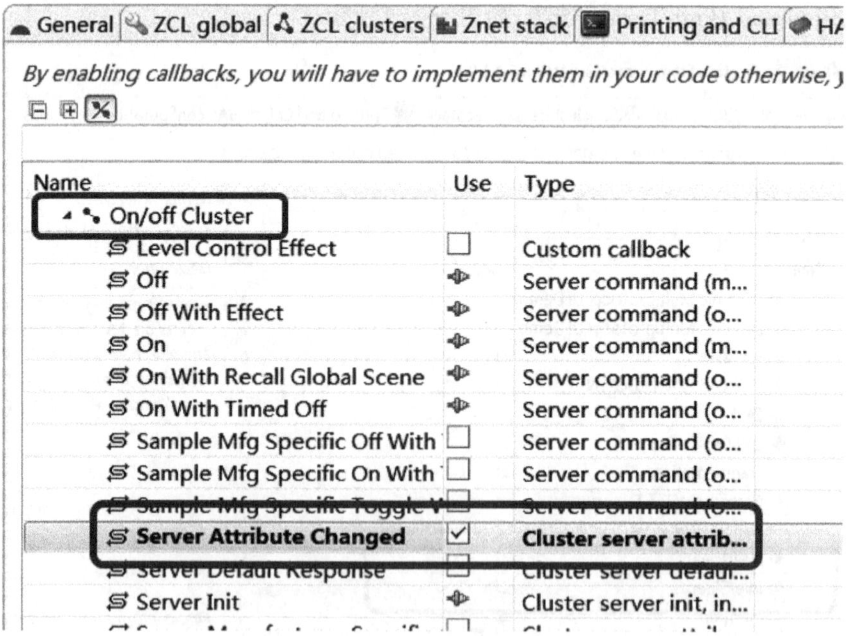

图 4-80　设置 Callbacks

⑥ 其余步骤与 Coord_custom 工程创建方法后续步骤一致。

3. OnOff_Switch 工程的创建

① 依据上述协调器工程流程创建一个名为 OnOff_switch 的工程。

② 将设备类型修改为自定义设备 ZigBee Custom 下 HA On/Off Switch，如图 4 - 81 所示。

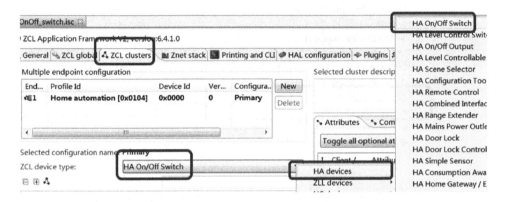

图 4 - 81　选择设备模板

③ 在 Znet stack 中设置 ZigBee 设备类型为 Router(路由节点)，如图 4 - 82 所示。

图 4 - 82　修改 ZigBee 设备类型

④ 在 Plugins 选项卡里进行设置，其余设置和协调器工程一致，本小节只展示与协调器不一样的设置部分。

- 取消 Heartbeat 复选项(该步骤为可选步骤)；
- 在 ZigBee3. 0 中设置，选择 Find and Bind Initiator 复选项，如图 4 - 83 所示。

⑤ 在 Callbacks 选项卡，找到 Hal Button Isr、Main Init、Stack Status 并选择，以及选择 Plugin-specific callbacks 组里的两个 Complete 复选项，如图 4 - 84 所示。

⑥ 其余步骤与 Coord_custom 工程创建方法后续步骤一致。

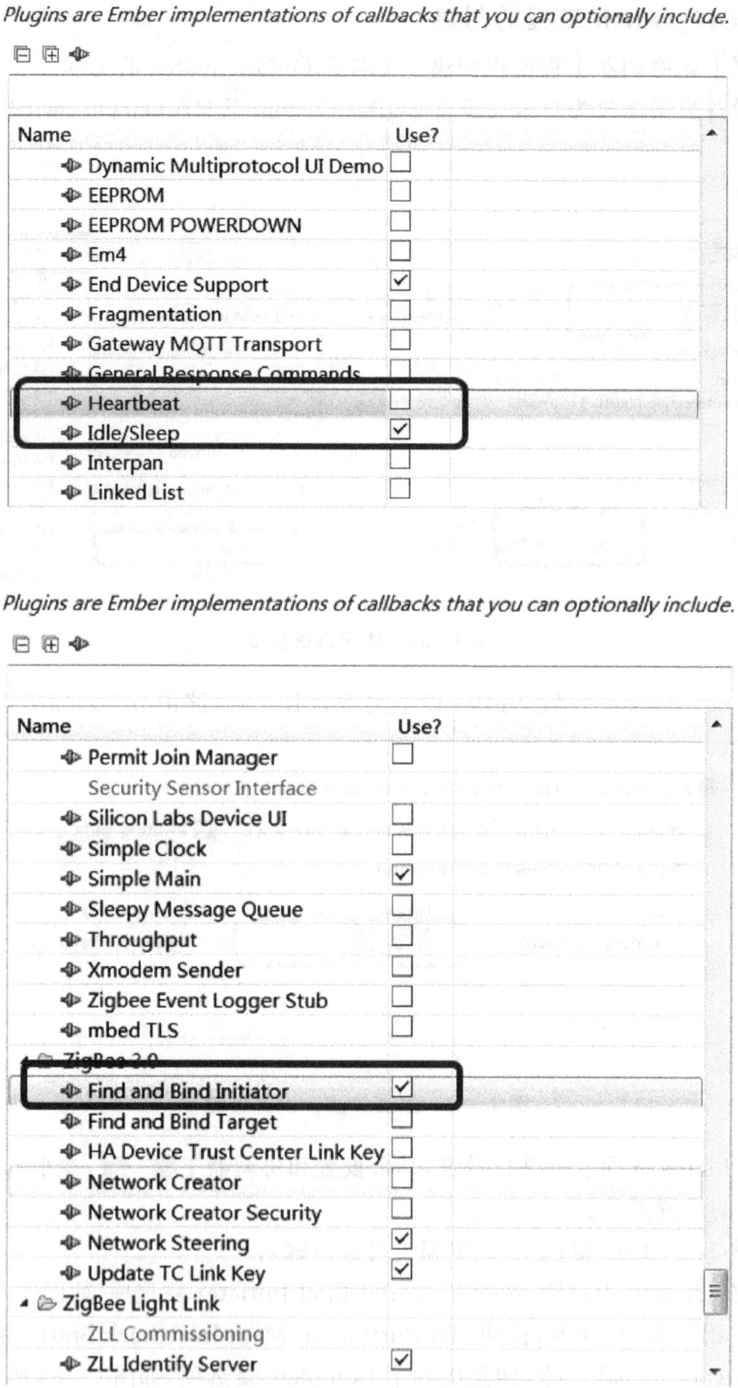

Plugins are Ember implementations of callbacks that you can optionally include.

Name	Use?
Dynamic Multiprotocol UI Demo	☐
EEPROM	☐
EEPROM POWERDOWN	☐
Em4	☐
End Device Support	☑
Fragmentation	☐
Gateway MQTT Transport	☐
General Response Commands	
Heartbeat	☐
Idle/Sleep	☑
Interpan	☐
Linked List	☐

Plugins are Ember implementations of callbacks that you can optionally include.

Name	Use?
Permit Join Manager	☐
Security Sensor Interface	
Silicon Labs Device UI	☐
Simple Clock	☐
Simple Main	☑
Sleepy Message Queue	☐
Throughput	☐
Xmodem Sender	☐
Zigbee Event Logger Stub	☐
mbed TLS	☐
ZigBee 3.0	
Find and Bind Initiator	☑
Find and Bind Target	☐
HA Device Trust Center Link Key	☐
Network Creator	☐
Network Creator Security	☐
Network Steering	☑
Update TC Link Key	☑
ZigBee Light Link	
ZLL Commissioning	
ZLL Identify Server	☑

图 4 - 83　修改 Plugins 选项

Name	Use	Type
◢ ↳ Plugin-specific callbacks		
⑤ Came Back From E M4	✦	Plugin specific: Idle/...
⑤ O K To Go To E M4	☐	Plugin specific: Idle/...
⑤ Reset To Factory Defaults	☐	Plugin specific: Basic...
⑤ Rollover	☐	Plugin specific: Coun...
⑤ Lost Parent Connectivity	☐	Plugin specific: End ...
⑤ Poll Completed	☐	Plugin specific: End ...
⑤ Pre Network Move	☐	Plugin specific: End ...
⑤ Bind Target		Plugin specific: Find...
⑤ Complete	☑	**Plugin specific: Find...**
⑤ Network Found	☐	Plugin specific: Form...
⑤ Unused Pan Id Found	☐	Plugin specific: Form...
⑤ Start Feedback	☐	Plugin specific: Ident...
⑤ Stop Feedback	☐	Plugin specific: Ident...
⑤ Active	☐	Plugin specific: Idle/...
⑤ Ok To Idle	☐	Plugin specific: Idle/...
⑤ Ok To Sleep	☐	Plugin specific: Idle/...
⑤ Rtos	☐	Plugin specific: Idle/...
⑤ Wake Up		Plugin specific: Idle/...
⑤ Complete	☑	**Plugin specific: Net...**
⑤ Get Distributed Key		Plugin specific: Net...

图 4 - 84　设置 Callbacks

4.5　举一反三

1. 在本例中,是否存在其他 ZigBee 网络结构来实现本例中的效果? 请绘制其网络拓扑图。

2. 尝试自己独立新建一组 ZigBee 组网工程。

第**5**章

智能插座设计

本章通过智能插座项目的设计,使读者进一步掌握芯科 EFR32MG1B132F256GM48 芯片,并能够进行 ZigBee3.0 项目开发、图形界面化配置,熟悉软件的设计流程与技巧。该项目详细介绍智能插座系统的设计原理、设计方法、参数配置与修改等。

【教学目的】
➢ 了解智能插座的设计原理。
➢ 完成智能插座模块的软硬件开发。

5.1 概 述

插座在家居、工业等领域应用非常广泛。如今在各行业智能型的插座需求越来越大,因此智能插座的设计显得尤为重要。一般的智能插座具有计量、定时、远程控制等综合性功能。在这些功能的基础上体现一些显著的特点,例如,在高智能化上,计量检测电压、电流、功率,自主识别负载情况和定时处理,以防过载、防过压、防漏电等;在高安全上,设置防静电、雷暴、人为接触以及颠覆传统的供电模式;在高性能上,主控与受控双向调整、控制设备的待机功耗。智能插座的设计应用区别于传统应用的方面主要体现在系统网络上,不是单节点的智能插座的基础应用,而是由多节点的智能插座构成系统,协作完成相关系统功能。现代化的智能插座一般具有远程控制监测、能耗监测、开关定时、电路保护、用电保护、上电监测以及后期的远程保养与维护等功能,也可根据实际需求进行裁剪与增加部分功能。

应用功能主要有以下几种:

① Wi-Fi 重连 Wi-Fi 断线后自主重连功能,记录预先配置无线网 SSID 以及密码,在无线网范围内断网后自动续接。

② 断点续传 Wi-Fi 断网后重连接,需要断点数据续传,断网情况下记录的电量数据,于 Wi-Fi 重新连上之后,自动将断网期间的电量数据重新上传到云平台。

③ 红外控制 对所有红外设备进行可控操作,同时可以进行定时应用,例如:电视、风扇、空调、空气净化器、窗帘、冰箱等电器设备的相关控制。

④ 角度及距离 红外发射器布满半球形红外滤光模组内,实现 360°无死角控制,在 0~10 m 范围内发送红外指令,实现直接控制相关设备。

⑤ 电量计量 实时上传电量,监测电压和电流。

⑥ 高温阻拦　设备采用防火级 PC 材料,耐超高温。

⑦ 保护装置　安全管理,避免儿童因为手指或金属物体误触导致触电事故;防单极插入,只有两孔或三孔同时插入且达到一定力度时才能接触带电部件。

⑧ 过载保护　防雷电、防漏电、防浪涌、防过流与过压、防短路、防过功率等。

5.1.1　系统设计

系统设计实现智能插座体系结构如图 5-1 所示,插座体系结构由插座节点、Wi-Fi 模块、云端构成,其插座节点分布在家居范围内,主要进行家电设备的控制以及节点之间的互联构成网络;Wi-Fi 主要网络的连接,进行数据的上传与下载,一是将智能插座采集的数据传输到云端,二是将云端的数据命令传输给智能插座节点;云端进行数据的存储与处理。在此网络体系结构中形成智能插座的无线传感网络,实现设备的数据交互。

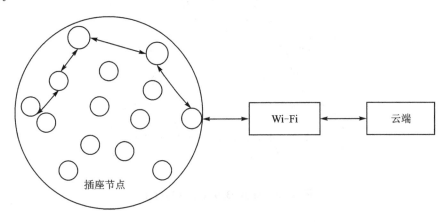

图 5-1　智能插座体系结构系统框图

为实现系统模拟设计,简化智能插座体系结构,省去云端控制操作,系统设计了基于 ZigBee3.0 无线网络实现定时功能的开关项目,由协调器、路由器、终端三种应用设备构成,其智能插座系统构成框图如图 5-2 所示。

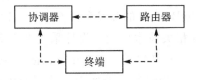

图 5-2　ZigBee3.0 无线网络框图

协调器负责建立 ZigBee 网络,通过协调器,路由器和终端设备可以加入网络。

路由器负责给其他路由或者终端模块提供路由功能。

终端模块可以执行相关功能,并满足 ZigBee 网络系统设备组网功能的应用。

智能插座系统设计要求如下:

- 建立一个 ZigBee 网络；
- 定义设备在网络中的角色（如 ZigBee 协调器节点和终端设备）；
- 实现设备加入网络和无线收发数据；
- 以定时功能的开关控制灯的亮、灭，进行智能插座功能模拟。

5.1.2　系统实现

　　智能插座系统主要完成插座连接家电设备，同时智能设备进行相关参数的设置，以及家电设备的相关情况查询，从而实现系统设备的交互式应用。其系统应用实现框架如图 5-3 所示。

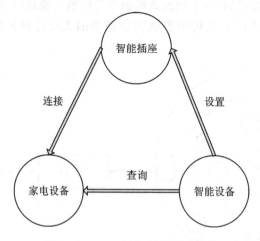

图 5-3　ZigBee3.0 无线网络框图

5.2　硬件设计

5.2.1　硬件实现

　　本设计由于使用天诚 ZigBee3.0 的开发套件 Creek-ZB-PK，因此项目设计只介绍智能插座系统的硬件设计相关技术应用。设计采用 3 个 ZigBee 模块分别作为协调器（coordinator）、路由器（router）和终端设备（end device）；系统采用 ZigBee 底板、Zig-Bee3.0 模块以及可变色灯扩展板进行功能实现。其可变色灯扩展板实物图和原理图如图 5-4 所示。

5.2.2　设计模式

　　本设计采用 3 个 ZigBee 模块分别作为协调器、路由器和终端设备。其中：协调器为一块底板 ＋ZigBee3.0 模块。供电方案：各底板均采用 2 节干电池供电。

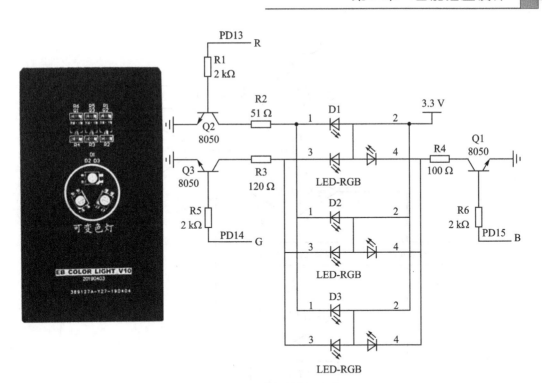

图 5 - 4　可变色灯实物图和原理图

5.3　软件设计

5.3.1　软件系统设计流程

软件系统处理过程,主要设置两种模式:智能模式和普通模式。普通模式为远程按键无线控制设备;智能模式则是自主设置定时进行设备控制,或是设备相关数据信息监测,进而进行模式控制。其基本流程图如图 5 - 5 所示。

软件相关参数的配置应用,其中协调器功能应用的配置与前面章节完全相同,请参照前面章节介绍。本节主要介绍智能插座系统的相关参数配置,系统工程的不同配置之处以后续的过程进行阐述,同时也阐述相关程序的具体流程以及关键部分程序的参数。

具体的配置步骤解释如下:

1. 新建工程

① 使用 Simplicity Studio 图形化配置界面,新建工程、选择 ZCL Aplication Framework V2;

② 选择 SOC 方案;

③ 项目名称设置;

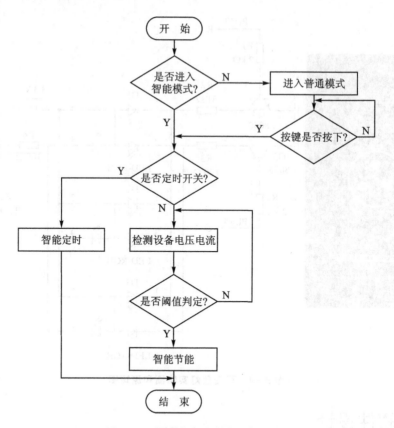

图 5-5　可变色灯实物图和原理图

④ 选择 IAR 编译器。

2. 协调器配置

① ZCL cluster 的选择：

ZCL device_type 需要选择 ZigBee Custom；

Device ID 修改，On/Off Client 必须支持。

② Znet Stack 的配置：Znet stack（不用修改）。

③ Debug And CLI 的配置：打开 ZDO。

④ Serial 的配置（电路板连接决定的）。

⑤ Plugins 支持 Basic Server Cluster 和 Reporting：

在 Plugins 的 Utility 上，选择 Fragmentation、Heartbeat 复选项，取消已选择的 Idle/Sleep 选项。

在 Plugins 的 ZigBee3.0 上，选择 Sleepy Message Queue、Network Creator、Network Creator Security 复选项，取消已选择的 Network Steering、Update TC Link Key 选项。

⑥ 在 Callbacks 上设置。

⑦ 配置完成后,需要 Generate 生成工程程序。

⑧ 配置的信息需要显示,所以还要增加液晶驱动程序到工程文件里。

⑨ 增加事件:增加一个自动建网事件用于上电自动建立网络 commissioningEventControl 和 commissioningEventFunction,一个周期性事件用于计时 PeriodicEventControl 和 PeriodicEventFunction。

⑩ 修改之后要再次生成工程程序,并替换掉前面生成的文件。

3. 协调器外设配置

① 芯片外设配置:选择 DCDC 选项,取消已选择的 PTI 选项;

② 外部晶振配置;

③ 下载口配置;

④ 按键配置;

⑤ LED 配置:配置 4 个 LED 分别为 PF4、PF5、PC9、PC6。

4. 用 IAR 打开工程并编译

在软件左侧找到"Coord_custom. eww"文件,eww 格式文件指向 IAR 软件打开,可以直接双击该文件,IAR 会自动打开工程。打开工程后,点击上方快捷菜单栏的编译。

5. 下载程序到开发板

下载程序 bootloader... S37＋Coord_custom. s37;配置结束后,软件自动产生代码,这时需要修改相应的变色灯控制器框图。

5.3.2 关键实现函数介绍

为了实现相应的组网功能,需要修改 Coord_custom_callbacks. c、OnOff_Switch_callbacks. c、OnOff_light_callbacks. c 三个文件的内容,下面介绍具体修改。

1. 修改 Coord_custom_callbacks. c

打开 Coord_custom_callbacks. c 后,需要逐步做如下修改:

(1) 新增头文件

```
# include "app/framework/plugin/network－creator/network－creator.h"
# include "app/framework/plugin/network－creator－security/network－creator－security.h"
# include "app/framework/plugin/find－and－bind－target/find－and－bind－target.h"
# include "stdio.h"
```

(2) 新增变量

```
u16 MyidentifyTime = 0;                      //用于计时 Identify 时间
uint32_t pressTimeCapture[BSP_BUTTON_COUNT];  //用于按键按下计时,消除抖动
```

(3) Coord_custom_callbacks. c 中关键的回调函数

1) emberAfMainInitCallback:主函数初始化回调函数

```
void emberAfMainInitCallback(void)
{
```

```
char msg[30];
    EmberEUI64  myEui64;
    emberAfGetEui64(myEui64);                        //获取本机物理地址
OLED_Init();                                         //OLED初始化,包括 I/O 和驱动
OLED_ShowString(0,0,"Coord",16);                     //显示 Coord
    sprintf(msg,"Node: %x%x%x%x%x%x%x%x",
            myEui64[7],
            myEui64[6],
            myEui64[5],
            myEui64[4],
            myEui64[3],
            myEui64[2],
            myEui64[1],
            myEui64[0]);
    OLED_ShowString(0,2,(u8 * )msg,12);              //显示 myEui64 地址
    emberEventControlSetActive(commissioningEventControl);  //启动创建网络事件
}
```

2) commissioningEventFunction:网络创建调试函数

```
voidcommissioningEventFunction(void)                 //网络创建调试
{
    emberEventControlSetInactive(commissioningEventControl);
    if (emberAfNetworkState()  ! =  EMBER_JOINED_NETWORK)
    {
      emberAfPluginNetworkCreatorStart(1);           //创建网络
    }
}
```

3) emberAfPluginNetworkCreatorCompleteCallback:网络创建完成回调函数

```
voidemberAfPluginNetworkCreatorCompleteCallback(const EmberNetworkParameters
                             * network,bool usedSecondaryChannels)
{
  char msg[30];
  EmberNodeType nodeTypeResult = 0xFF;
  EmberNetworkParameters networkParams = { 0 };
  If ( emberAfNetworkState() == EMBER_JOINED_NETWORK) //建网成功
  {
    emberAfGetNetworkParameters(&nodeTypeResult, &networkParams);
    sprintf(msg,"Channel:%d",networkParams.radioChannel);
    OLED_ShowString(0 ,3, (u8 * )msg, 12);           //显示通道
    sprintf(msg,"PanId:0x%x",networkParams.PanId);
    OLED_ShowString(0 ,4, (u8 * )msg, 12);           //显示 PanId
    sprintf(msg,"NodeId:0x%04x",emberAfGetNodeId());
    OLED_ShowString(0 ,5, (u8 * )msg, 12);           //显示节点网络地址
    halSetLed(BOARDLED3);                            //点亮 LED4
    emberEventControlSetDelayMS(PeriodicEventControl,500); //启动超时定时器 Periodic,
                                                     //500 ms
  }
}
```

4）emberAfStackStatusCallback：网络状态更新回调函数

```
booleanemberAfStackStatusCallback (EmberStatus status)
{
  char msg[30];
  EmberNodeType   nodeTypeResult = 0xFF;
  EmberNetworkParameters networkParams = { 0 };
  If (status == EMBER_NETWORK_UP)
  {
    emberAfGetNetworkParameters(&nodeTypeResult, &networkParams);
    sprintf(msg,"Channel：% d",networkParams. radioChannel);
    OLED_ShowString(0 ,3,  (u8 * )msg, 12);            //显示通道
    sprintf(msg,"PanId:0x% X",networkParams. PanId);
    OLED_ShowString(0 ,4,  (u8 * )msg, 12);            //显示 PanId
    sprintf(msg,"NodeId:0x% 04X",emberAfGetNodeId());
    OLED_ShowString(0 ,5,  (u8 * )msg, 12);            //显示节点网络地址
    halSetLed(BOARDLED3);                              //点亮 LED4
    emberEventControlSetDelayMS(PeriodicEventControl,500);//启动超时定时器 Periodic,
                                                          //500 ms
  }
  return true;
}
```

5）emberAfHalButtonIsrCallback：按键处理回调函数

无论按键是否按下，都会触发这个函数。

参数 int8u button：是哪个按键触发的回调。

参数 int8u state：是按下还是释放。

KEY1：控制入网允许功能，在入网允许状态下，其他节点也可以加入该网络。每次按下 KEY1 都可在允许入网和不允许入网状态之间切换。（注意：实验时，入网完成后请马上关闭入网允许功能，以免他人的节点加入该网络。如果自己的节点误加入他人的网络，请从串口发送退网 CLI 命令 network leave）。

KEY2：控制 Identify（识别状态）功能，在 Identify 状态下节点可以被绑定。每次按下 KEY2 都可在 Identify 和非 Identify 状态之间切换。

```
void emberAfHalButtonIsrCallback(int8u button, int8u state)
{
  int16u identifyTime;
  if(button == BUTTON0)//KEY1
  {
    if(state == BUTTON_PRESSED)
    {
      pressTimeCapture[0] = halCommonGetInt32uMillisecondTick();//记录按下的时间,每
                                                                //个 Tick 时间 1 ms
    }
    else if(state == BUTTON_RELEASED)//释放按键
    {
      if(halCommonGetInt32uMillisecondTick() - pressTimeCapture[0] > 100)
      {
        if (emberAfNetworkState() == EMBER_JOINED_NETWORK)
```

```
            {
                if(PermitJoinTime == 0)
                {
                    emberAfPluginNetworkCreatorSecurityOpenNetwork();  //允许加入网络
                    OLED_ShowString(0, 7, "PermitJoin...        ", 12); //显示允许加入网络
                    PermitJoinTime = 600;              //500 ms * 600 = 300 s 倒计时
                }
                else
                {
                    emberAfPluginNetworkCreatorSecurityCloseNetwork();  //关闭允许加入网络
                    halClearLed(BOARDLED2);
                    PermitJoinTime = 0;
                    OLED_ShowString(0, 7, "", 12);    //清除显示允许加入网络
                }
            }
        }
    }
}
else if(button == BUTTON1)//KEY2
{
    if(state == BUTTON_PRESSED)
    {
        pressTimeCapture[1] = halCommonGetInt32uMillisecondTick();//记录按下的时间,每
                                                     //个 Tick 时间 1 ms
    }
    else if(state == BUTTON_RELEASED)        //释放按键
    {
        if(halCommonGetInt32uMillisecondTick() - pressTimeCapture[1] > 100)
        {
            if (emberAfNetworkState() == EMBER_JOINED_NETWORK)
            {
                if(MyidentifyTime == 0)           //如果没处于 identify 状态
                {
                    if(emberAfPluginFindAndBindTargetStart(1) == EMBER_ZCL_STATUS_SUCCESS)
                    {
                        OLED_ShowString(0, 6, "IdentifyTime...      ", 12);//显示 IdentifyTime
                        MyidentifyTime = EMBER_AF_PLUGIN_FIND_AND_BIND_TARGET_COMMISSIONING_
                                TIME * 2;//180s * 2,定时器为 500 ms 所以乘以 2
                    }
                }
                else                              //处于 identify 状态
                {
                    identifyTime = 0;
                    EmberAfStatus status = emberAfWriteServerAttribute(1,
                                                ZCL_IDENTIFY_CLUSTER_ID,
                                                ZCL_IDENTIFY_TIME_ATTRIBUTE_ID,
                                                (uint8_t *)&identifyTime,
                                                ZCL_INT16U_ATTRIBUTE_TYPE);
                    if(status == EMBER_ZCL_STATUS_SUCCESS)
                    {
                        MyidentifyTime = 0;
```

```
                   halSetLed(BOARDLED3);
                   OLED_ShowString(0, 6, "", 12);  //清除 IdentifyTime...
                 }
               }
             }
           }
         }
       }
     }
```

消除抖动:前面定义了一个用于消除抖动数组来计数每个按键按下的时间,如:
"uint32_t pressTimeCapture[BSP_BUTTON_COUNT];//用于按键按下计时,消除
抖动"

```
if(button == BUTTON0)                              //如果是 KEY1 触发
{
  if(state == BUTTON_PRESSED)
  {
    pressTimeCapture[0] = halCommonGetInt32uMillisecondTick();//记录按下的时间,每个
                                                   //Tick 时间 1 ms
  }
  else if(state == BUTTON_RELEASED)                //释放按键
  {
    if(halCommonGetInt32uMillisecondTick() - pressTimeCapture[0] > 100)
                                                   //如果按下时间大于 100 ms
    {
      处理自己的事件
    }
  }
}
```

6) void PeriodicEventFunction(void):周期性超时定时器 500 ms
用于计时允许加入网络时间和 Identify 时间,并更新 LED 和液晶显示。这里设置
每 500 ms 触发一次。

```
void PeriodicEventFunction(void)                   //周期性超时定时器 500 ms
{
  char msg1[30];
  emberEventControlSetInactive(PeriodicEventControl);
if(PermitJoinTime > 0)                             //允许加入网络时间
  {
    halToggleLed(BOARDLED2);                        //取反 LED3 状态
    PermitJoinTime-- ;
    if(PermitJoinTime > 0)
    {
      sprintf(msg1, "PermitJoin...   %3d S", PermitJoinTime/2);
OLED_ShowString(0, 7, (u8 *)msg1, 12);           //显示允许加入网络
    }
    else
    {
      halClearLed(BOARDLED2);                      //熄灭 LED3
```

```
OLED_ShowString(0, 7, "", 12);                    //清除显示允许加入网络
    }
  }
  if(MyidentifyTime > 0)                           //识别状态时间
  {
    halToggleLed(BOARDLED3);                        //取反 LED4 状态
    MyidentifyTime -- ;
    if(MyidentifyTime > 0)
    {
        sprintf(msg1, "IdentifyTime... % 3d S", MyidentifyTime/2);
OLED_ShowString(0, 6, (u8 * )msg1, 12);            //显示 Identify
    }
    else
    {
        halSetLed(BOARDLED3);                       //点亮 LED4
OLED_ShowString(0, 6, "", 12);                     //清除显示 Identify
    }
  }
  emberEventControlSetDelayMS(PeriodicEventControl, 500);   //循环 500 ms
}
```

2. 修改 OnOff_light_callbacks. c

打开 OnOff_light_callbacks. c 后,需要作如下修改:

(1)新增头文件

```
# include "app/framework/plugin/find - and - bind - target/find - and - bind - target. h"
# include "stdio. h"
# include "oled. h"
```

(2) 新增变量

```
u16 MyidentifyTime = 0;                            //用于计时 Identify 时间
uint32_t pressTimeCapture[BSP_BUTTON_COUNT];       //用于按键按下计时,消除抖动
```

(3) OnOff_light_callbacks. c 的关键回调函数

1) emberAfMainInitCallback:主函数初始化回调函数

```
void emberAfMainInitCallback(void)
{
  char msg[30];
  EmberEUI64 myEui64;
  emberAfGetEui64(myEui64);
  GPIO_PinModeSet(gpioPortD, 13, gpioModePushPull, 0); //R
  GPIO_PinModeSet(gpioPortD, 14, gpioModePushPull, 0); //G
  GPIO_PinModeSet(gpioPortD, 15, gpioModePushPull, 0); //B
  OLED_Init();                                     //OLED 初始化,包括 I/O 和驱动
  OLED_ShowString(0, 0, "  On/Off Light", 16);     //显示 On/Off Light
  sprintf(msg,
  "Node: % X % X % X % X % X % X % X % X",
            myEui64[7],
            myEui64[6],
            myEui64[5],
```

```
                         myEui64[4],
                         myEui64[3],
                         myEui64[2],
                         myEui64[1],
                         myEui64[0]);
    OLED_ShowString(0, 2, (u8 *)msg, 12);                    //显示 myEui64 地址
    emberEventControlSetDelayMS(PeriodicEventControl, 500);
}
```

2）emberAfHalButtonIsrCallback:按键处理回调函数

无论按键是否按下,都会触发这个函数。

参数 int8u button:是哪个按键触发的回调。

参数 int8u state:是按下还是释放。

KEY1:开始加入网络,此时必须有 Coord 处于允许加入状态才能入网成功(在做实验时,入网完成后请马上关闭入网允许功能,以免他人的节点加入该网络。如果自己的节点误加入他人的网络,请从串口发送退网 CLI 命令 network leave)。

KEY2:控制 Identify(识别状态)功能,在 Identify 状态下节点可以被绑定。每次按下 KEY2 都可在 Identify 和非 Identify 状态之间切换。

```
void emberAfHalButtonIsrCallback(int8u button, int8u state)
{
  uint16_t identifyTime;
  if(button == BUTTON0)                         //KEY1
  {
    if(state == BUTTON_PRESSED)
    {
      pressTimeCapture[0] = halCommonGetInt32uMillisecondTick();
    }
    else if(state == BUTTON_RELEASED)           //释放按键
    {
      if(halCommonGetInt32uMillisecondTick() - pressTimeCapture[0] > 100)
      {
        emberEventControlSetActive(commissioningEventControl);//开始扫描并加入网络
      }
    }
  }
  else if(button == BUTTON1)                     //KEY2
  {
    if(state == BUTTON_PRESSED)
    {
      pressTimeCapture[1] = halCommonGetInt32uMillisecondTick();
    }
    else if(state == BUTTON_RELEASED)           //释放按键
    {
      if(halCommonGetInt32uMillisecondTick() - pressTimeCapture[1] > 100)
      {
        if (emberAfNetworkState() == EMBER_JOINED_NETWORK) //如果已经加入网络
        {
```

```
        if(MyidentifyTime == 0)              //如果没有处于 Identify 状态
        {
          if(emberAfPluginFindAndBindTargetStart(1)== EMBER_ZCL_STATUS_SUCCESS)
                                              //开启 Identify 状态 180s
          {
            OLED_ShowString(0,6,"Identify...        ",12);//显示 FindAndBind
            MyidentifyTime = EMBER_AF_PLUGIN_FIND_AND_BIND_TARGET_COMMISSIONING_
                        TIME*2;//180s*2,定时器为 500 ms 所以乘以 2
          emberEventControlSetActive(PeriodicEventControl);
          }
        }
        else                                  //处于 Identify 状态
        {
          identifyTime = 0;
          EmberAfStatus status = emberAfWriteServerAttribute(1,
                            ZCL_IDENTIFY_CLUSTER_ID,
                            ZCL_IDENTIFY_TIME_ATTRIBUTE_ID,
                            (uint8_t *)&identifyTime,
                            ZCL_INT16U_ATTRIBUTE_TYPE);
          //写入 ZCL_IDENTIFY_TIME_ATTRIBUTE 属性值为 0,关闭 Identify 状态
          if(status == EMBER_ZCL_STATUS_SUCCESS)
          {
            MyidentifyTime = 0;
            halSetLed(BOARDLED3);
            OLED_ShowString(0,6,"",12); //清除显示 FindAndBind
          }
        }
      }
    }
   }
  }
 }
}
```

3) commissioningEventFunction：网络创建调试函数

```
void commissioningEventFunction(void)
{
  emberEventControlSetInactive(commissioningEventControl);
  if (emberAfNetworkState() != EMBER_JOINED_NETWORK)  //没有加入网络
  {
    OLED_ShowString(0,7,"NetworkSteering...  ",12);//显示 NetworkSteering...
    emberAfPluginNetworkSteeringStart();             //开始扫描及加入网络
  }
}
```

4) emberAfPluginNetworkSteeringCompleteCallback：网络扫描及加入完成回调函数

```
void emberAfPluginNetworkSteeringCompleteCallback(EmberStatus status,
                            uint8_t totalBeacons,
                            uint8_t joinAttempts,
                            uint8_t finalState)
{
  char msg[30];
```

```
  EmberNodeType nodeTypeResult = 0xFF;
  EmberNetworkParameters networkParams = { 0 };
  emberAfCorePrintln("Network Steering Completed: % p (0x% X)",
                     (status == EMBER_SUCCESS ? "Join Success" : "FAILED"),
                     status);
  emberAfCorePrintln("Finishing state: 0x% X", finalState);
  emberAfCorePrintln("Beacons heard: % d\nJoin Attempts: % d", totalBeacons, joinAttempts);
  if (emberAfNetworkState() == EMBER_JOINED_NETWORK)
  {
    emberAfGetNetworkParameters(&nodeTypeResult, &networkParams);
    sprintf(msg, "Channel: % d", networkParams.radioChannel);
OLED_ShowString(0, 3, (u8 * )msg, 12);          //显示通道
    sprintf(msg, "PanId:0x% X", networkParams.panId);
OLED_ShowString(0, 4, (u8 * )msg, 12);          //显示 PanID
    sprintf(msg, "NodeId:0x% 04X", emberAfGetNodeId());
OLED_ShowString(0, 5, (u8 * )msg, 12);          //显示节点网络地址
    halSetLed(BOARDLED3);
  }
  OLED_ShowString(0, 7, "", 12);                //清除显示 NetworkSteering...
}
```

5）emberAfStackStatusCallback：网络状态更新回调函数

```
boolean emberAfStackStatusCallback(EmberStatus status)
{
  char msg[30];
  EmberNodeType nodeTypeResult = 0xFF;
  EmberNetworkParameters networkParams = { 0 };
  if (status == EMBER_NETWORK_UP)          //网络已运行
  {
    emberAfGetNetworkParameters(&nodeTypeResult, &networkParams);
    sprintf(msg, "Channel: % d", networkParams.radioChannel);
  OLED_ShowString(0, 3, (u8 * )msg, 12);  //显示通道
    sprintf(msg, "PanId:0x% X", networkParams.panId);
  OLED_ShowString(0, 4, (u8 * )msg, 12);   //显示 PanID
    sprintf(msg, "NodeId:0x% 04X", emberAfGetNodeId());
  OLED_ShowString(0, 5, (u8 * )msg, 12);   //显示节点网络地址
   halSetLed(BOARDLED3);                    //点亮 LED4
  }
  return true;
}
```

6）PeriodicEventFunction：周期性超时定时器 500 ms

```
void PeriodicEventFunction(void)
{
  char msg1[30];
  emberEventControlSetInactive(PeriodicEventControl);
if(emberGetPermitJoining())                 //如果允许加入
  {
    halToggleLed(BOARDLED2);
  }
  else
```

```
    {
        halClearLed(BOARDLED2);                     //LED3 熄灭
    }
    if(MyidentifyTime > 0)                          //Identify 状态
    {
        halToggleLed(BOARDLED3);
        MyidentifyTime -- ;
        if(MyidentifyTime > 0)
        {
            sprintf(msg1, "IdentifyTime... % 3d S", MyidentifyTime/2);
    OLED_ShowString(0, 6, (u8 *)msg1, 12);          //显示 IdentifyTime
        }
        else
        {
            halSetLed(BOARDLED3);
    OLED_ShowString(0, 6, "", 12);                  //清除显示 IdentifyTime
        }
    }
    emberEventControlSetDelayMS(PeriodicEventControl, 500);
}
```

7) emberAfOnOffClusterServerAttributeChangedCallback：OnOff 属性改变回调
   函数

```
void emberAfOnOffClusterServerAttributeChangedCallback(int8u endpoint,
                                        EmberAfAttributeId attributeId)
{
    if (attributeId == ZCL_ON_OFF_ATTRIBUTE_ID) {
        bool onOff;
        if (emberAfReadServerAttribute(endpoint,
                                    ZCL_ON_OFF_CLUSTER_ID,
                                    ZCL_ON_OFF_ATTRIBUTE_ID,
                                    (uint8_t *)&onOff,
                                    sizeof(onOff))
            == EMBER_ZCL_STATUS_SUCCESS) {
        if (onOff) {
            GPIO_PinModeSet(gpioPortD, 13, gpioModePushPull, 1);
        } else {
            GPIO_PinModeSet(gpioPortD, 13, gpioModePushPull, 0);
        }
        }
    }
}
```

3. 修改 OnOff_Switch_callbacks. c

打开 OnOff_Switch_callbacks. c 后，需要逐步做如下修改：

(1) 新增头文件

```
# include "app/framework/plugin/find - and - bind - initiator/find - and - bind - initia-
tor.h"
# include "stdio.h"
# include "oled.h"
```

（2）新增变量

```
uint32_t pressTimeCapture[BSP_BUTTON_COUNT];          //用于按键按下计时,消除抖动
```

（3）OnOff_Switch_callbacks.c 的关键回调函数

1）emberAfMainInitCallback：主函数初始化回调函数

```
void emberAfMainInitCallback(void)
{
  char msg[30];
  EmberEUI64 myEui64;
  emberAfGetEui64(myEui64);
  OLED_Init();                                        //OLED 初始化,包括 I/O 和驱动
  OLED_ShowString(0, 0, "  On/Off Switch", 16);       //显示 On/Off Switch
  sprintf(msg,
"Node:%X%X%X%X%X%X%X%X",
               myEui64[7],
               myEui64[6],
               myEui64[5],
               myEui64[4],
               myEui64[3],
               myEui64[2],
               myEui64[1],
               myEui64[0]);
  OLED_ShowString(0, 2, (u8 *)msg, 12);               //显示 myEui64 地址
}
```

2）emberAfHalButtonIsrCallback：按键处理回调函数

无论按键是否按下,都会触发这个函数。

参数 int8u button：是哪个按键触发的回调。

参数 int8u state：是按下还是释放。

KEY1：开始加入网络,此时必须有 Coord 处于允许加入状态才能入网成功（在做实验时,入网完成后请马上关闭入网允许功能,以免别人的节点加入该网络。如果自己的节点误加入别人的网络,请从串口发送退网 CLI 命令 network leave）。

KEY2：控制发起绑定命令,如果此时网络里有节点处于 Identify（识别）状态。节点会向这个节点发起绑定。

KEY4：控制被绑定节点的 LED 翻转。

```
void emberAfHalButtonIsrCallback(int8u button, int8u state)
{
  if(button == BUTTON0)                               //KEY1
  {
    if(state == BUTTON_PRESSED)
    {
      pressTimeCapture[0] = halCommonGetInt32uMillisecondTick();
    }
    else if(state == BUTTON_RELEASED)                 //释放按键
    {
      if(halCommonGetInt32uMillisecondTick() - pressTimeCapture[0] > 50)
```

```
                    {
                        emberEventControlSetActive(commissioningEventControl);
                    }
                }
            }
        else if(button == BUTTON1)                              //KEY2
        {
            if(state == BUTTON_PRESSED)
            {
                pressTimeCapture[1] = halCommonGetInt32uMillisecondTick();
            }
            else if(state == BUTTON_RELEASED)                   //释放按键
            {
                if(halCommonGetInt32uMillisecondTick() - pressTimeCapture[1] > 50)
                {
                    if (emberAfNetworkState() == EMBER_JOINED_NETWORK)
                    {
                        if(emberAfPluginFindAndBindInitiatorStart(1) == EMBER_ZCL_STATUS_SUCCESS)
                        {
                            OLED_ShowString(0, 7, "FindAndBind...        ", 12);//显示 FindAndBind
                        }
                    }
                }
            }
        }
        else if(button == BUTTON2)                              //KEY4
        {
            if(state == BUTTON_PRESSED)
            {
                pressTimeCapture[2] = halCommonGetInt32uMillisecondTick();
            }
            else if(state == BUTTON_RELEASED)                   //释放按键
            {
                if(halCommonGetInt32uMillisecondTick() - pressTimeCapture[2] > 50)
                {
    emberAfGetCommandApsFrame() ->sourceEndpoint = 1;          //指定 EP
                    emberAfFillCommandOnOffClusterToggle();               //OnOff 状态翻转
                    emberAfSendCommandUnicastToBindings();                //单播发送到绑定节点
                }
            }
        }
    }
```

3）commissioningEventFunction:网络创建调试函数

```
void commissioningEventFunction(void)
{
    emberEventControlSetInactive(commissioningEventControl);
    if (emberAfNetworkState() != EMBER_JOINED_NETWORK)          //没有加入网络
    {
        OLED_ShowString(0, 7, "NetworkSteering...   ", 12); //显示 NetworkSteering...
        emberAfPluginNetworkSteeringStart();                       //开始扫描及加入网络
```

```
        }
    }
```

4) emberAfPluginNetworkSteeringCompleteCallback：网络扫描及加入完成回调函数

```
void emberAfPluginNetworkSteeringCompleteCallback(EmberStatus status,
                                                   uint8_t totalBeacons,
                                                   uint8_t joinAttempts,
                                                   uint8_t finalState)
{
    char msg[30];
    EmberNodeType nodeTypeResult = 0xFF;
    EmberNetworkParameters networkParams = { 0 };
    emberAfCorePrintln("Network Steering Completed：%p (0x%X)",
                        (status == EMBER_SUCCESS ? "Join Success" : "FAILED"),
                        status);
    emberAfCorePrintln("Finishing state：0x%X", finalState);
    emberAfCorePrintln("Beacons heard：%d\nJoin Attempts：%d", totalBeacons, joinAt-
tempts);
    if (emberAfNetworkState() == EMBER_JOINED_NETWORK)
    {
        emberAfGetNetworkParameters(&nodeTypeResult, &networkParams);
        sprintf(msg, "Channel：%d", networkParams.radioChannel);
        OLED_ShowString(0, 3, (u8 *)msg, 12);          //显示通道
        sprintf(msg, "PanId:0x%X", networkParams.panId);
        OLED_ShowString(0, 4, (u8 *)msg, 12);          //显示 PanID
        sprintf(msg, "NodeId:0x%04X", emberAfGetNodeId());
        OLED_ShowString(0, 5, (u8 *)msg, 12);          //显示节点网络地址
        halSetLed(BOARDLED3);                           //点亮 LED4
    }
    OLED_ShowString(0, 7, "", 12);                     //清除显示 NetworkSteering...
}
```

5) emberAfStackStatusCallback：网络状态更新回调函数

```
boolean emberAfStackStatusCallback(EmberStatus status)
{
    char msg[30];
    EmberNodeType nodeTypeResult = 0xFF;
    EmberNetworkParameters networkParams = { 0 };
    if (status == EMBER_NETWORK_UP)
    {
        emberAfGetNetworkParameters(&nodeTypeResult, &networkParams);
        sprintf(msg, "Channel：%d", networkParams.radioChannel);
        OLED_ShowString(0, 3, (u8 *)msg, 12);          //显示通道
        sprintf(msg, "PanId:0x%X", networkParams.panId);
        OLED_ShowString(0, 4, (u8 *)msg, 12);          //显示 PanID
        sprintf(msg, "NodeId:0x%04X", emberAfGetNodeId());
        OLED_ShowString(0, 5, (u8 *)msg, 12);          //显示节点网络地址
        halSetLed(BOARDLED3);                           //点亮 LED4
    }
    return true;
}
```

6）emberAfPluginFindAndBindInitiatorCompleteCallback：绑定完成回调函数

```
void emberAfPluginFindAndBindInitiatorCompleteCallback(EmberStatus status)
{
  emberAfCorePrintln("Find and Bind Initiator：Complete：0x%X", status);
  if(status == EMBER_SUCCESS)
  {
    OLED_ShowString(0, 7, "FindAndBind Success! ", 12);//显示 FindAndBind
  }
  else
  {
    OLED_ShowString(0, 7, "FindAndBind Failure! ", 12);//显示 FindAndBind
  }
}
```

5.4 实验调试

5.4.1 实验过程

1. 协调器上电与允许加入

Coord_custom 节点作为 Coord 上电后（液晶显示：Coord 和本机物理地址），然后自动建立网络（液晶显示工作通道、PanID、本机网络地址）、可用底板按键 KEY1 打开允许加入网络（液晶显示：PermitJoin 和允许入网 300 s 倒计时），此时 LED3 闪烁。再次按下时，关闭允许入网，LED3 停止闪烁。

2. OnOff_light 节点上电并加入网络

OnOff_light 节点（可变色灯）上电（液晶显示：On/Off Light 和本机物理地址），按下底板 KEY1 加入网络，液晶显示 NetworkSteering，入网成功后液晶显示工作通道、PanID、本机网络地址（Node Id）。

本节点只能在协调器允许入网期间才能入网成功。此节点为路由节点，加入网络后如果协调器还处于允许入网期，则此时节点 LED3 也会闪烁，直到允许入网结束。

3. OnOff_switch 节点上电并加入网络

此时上电 On/Off Switch 节点，先从 Coord 打开允许加入网络（按 KEY1），然后按 On/Off Switch 节点的 KEY1，On/Off Switch 节点开始加入网络，液晶显示 Network-Steering...，入网成功后液晶显示工作通道、PanID、本机网络地址（Node Id）。

本节点只能在协调器允许入网期间才能入网成功。节点加入网络后，请关闭允许加入网络（按 Coord 节点 KEY1）。

此步完成后，请关闭自己的允许入网功能，以免他人的节点加入你的网络。

4. Coord 从串口发送 On/Off 命令

Coord 从串口发送：zcl on-off toggle 和 send 0x4CD8 1 1（Coord 可以根据硬件设

备进行配置,具体请参照 CLI 使用手册)。

表示发送 toggle 命令到 On/Off Light(Node Id 为 0x4CD8)节点。

5. Switch 节点绑定 Light 节点

On/Off Switch 节点绑定 On/Off Light 节点,先按下 On/Off Light 节点的 KEY2,On/Off Light 节点显示 Identify,此时再按下 On/Off Switch 节点的 KEY2,节点显示 FindAndBind。如果绑定成功,则液晶显示:FindAndBind Success! 如果绑定失败,则液晶显示:FindAndBind Failure! 只能在 On/Off Light 节点处于 Identify 状态时,才能绑定成功。

绑定成功后请关闭允许绑定(识别状态)。

6. Switch 节点按键控制 Light 节点 LED

在 On/Off Switch 节点绑定 On/Off Light 节点成功之后,On/Off Switch 节点可以发送命令直接控制 On/Off Light 节点的 LED 亮灭。按底板的 LEY4,可直接发送翻转命令,每按一下,On/Off Light 节点的 LED2 或可变色的红色 LED 都会状态翻转。

7. Reporting OnOff_light 状态到协调器

Coord 从串口发送命令,让 On/Off Light 绑定 Coord,以便把自己的 On/Off 状态 Reporting 到网关。

串口发送命令:

zdo bind 0xCFD7 1 1 0x0006 {90 FD 9F FF FE AA 49 90}　{90 FD 9F FF FE AA 4D DB}

物理地址根据硬件地址进行相应的配置。

5.4.2　实验现象

带定时功能的开关控制可变色灯的实际效果图如图 5-6 所示。

5.5　举一反三

小　结

用三个模块建立无线 ZigBee 网络,这三个模块分别作为协调器、路由器和终端设备,实现带定时功能的智能开关控制。

扩　展

通常,普通家居控制系统中带定时功能的开关直接由单片机实现开关信号的输入和输出。而要实现无线智能控制,则需要协调器和路由器组成 ZigBee 无线网络。通过这种方式,系统还可实现电量统计、用电监测、高压保护、数据存储等其他功能。

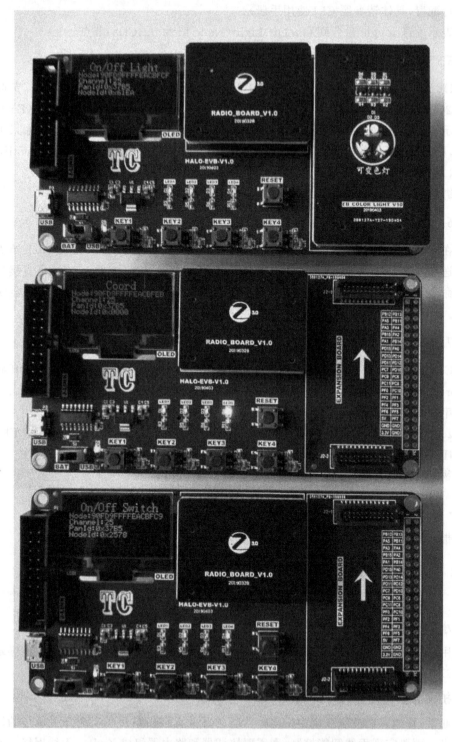

图 5-6 带定时功能的开关控制可变色灯的实际效果图

实现智能插座的方式很多,ZigBee 只是其中一种方法,还有蓝牙、GPRS、Wi-Fi 等接入方式,让智能插座实现定时开关、电量自动计量、App 语音控制、无线远程控制、数据存储等功能。

习　题

1. 如何在上述例子中加入带定时功能的代码?
2. 协调器、路由器、终端设备的配置区别有哪些?
3. 建网的过程有哪些步骤?
4. 在硬件系统固定的情况下,如何优化软件系统设计?

第**6**章

智能灯与开关项目设计

本章以智能灯开关实验为主,详细介绍其设计和实现过程,使读者进一步掌握 Zig-Bee 无线网络设计的方法和技巧,并基于芯科 EFR32MG1B132F256GM48 芯片,进行 ZigBee3.0 项目开发、图形化配置及软件开发。

【教学目的】
  ➢ 了解智能灯与开关控制。
  ➢ 完成智能灯开关模块的软硬件开发。

6.1 概 述

6.1.1 智能灯开关

随着科学技术的不断发展,人们的生活品质不断提高,人们对家庭的居住环境智能化、舒适程度等要求也越来越高,家居灯光的智能控制成为科学界和工业界的研究热点。与此同时,随着经济的日益发展,电能的需求越来越大,能源问题的严峻,使节能成为中国乃至世界性的问题。传统灯光控制主要是满足人们在生活中对于灯光的基本需求,较为常见的是采用由按键、声控、热释电红外传感器和光照传感器组成的控制系统来实现灯具的控制。按键控制系统不具备感知功能,因此开关需要安装在人容易接触到的地方,从而导致人们晚上需要摸黑开关灯,非常不方便,灵活性差,且在大范围中使用的情况下,布线会比较复杂,难以安装维护,灯的发光以及开关模式都存在电能浪费等问题。随着电子技术和计算机网络的不断发展,家用电器的智能化有了明显的提高,人们越来越关注家居照明及开关的节能、智能与健康。

智能灯光控制系统是将计算机技术、自动控制技术、单片机技术、网络通信技术、传感器技术等现代化技术融合在一起的产物,便于管理控制,减少能源浪费。项目应用设计针对传统灯光控制方式的不足,构建无线传感器网络智能灯开关系统构架,设计了基于 ZigBee 无线传感器网络的新型照明控制方式。ZigBee 是一种近距离、低复杂度、低功耗、低速率、低成本的双向无线通信技术,主要用于距离短、功耗低且传输速率不高的场合以及典型的周期性数据、间歇性数据和低反应时间数据传输的应用,因此非常适用于家用智能电子设备的无线控制指令传输。基于无线传感器网络的智能灯开关系统,将通信链路由有线转变为无线,这种系统成本低,使用方便,操作人性化,并且绿色、节能、环保,具有一定的实用意义及广泛的应用前景。

6.1.2　系统设计方案

智能家居系统的传感器数量较少且通信距离较短,功耗不能太高,ZigBee 作为家庭无线组网技术最为合适。因此,为进一步降低成本、功耗,增加智能家居的控制方式,在此设计了一种基于 ZigBee 的智能家居系统。该系统的底层感知系统是由多个 ZigBee 模块构成的,终端节点与协调器节点之间的通信须使用 ZigBee 协议。智能家居网络的基础是组网技术,在进行家居组网时,不但要考虑选取恰当的网络拓扑结构,还必须考虑合理的组网方式和技术。ZigBee 的网络结构有星形网、树状网和网状网。其中,星形网络是最简单的一种,以一个协调器节点为组网核心,将周围的终端节点连接到协调器节点上。由于在智能家居网络模型中用到的传感器节点数目相对较少,因此,在本系统中使用 ZigBee 的星形拓扑结构,各终端节点和协调器连接构成星形网络结构。其系统整体的框架如图 6 - 1 所示。

该系统由协调器及各子节点组成,采用 Z - Stack 协议栈构建星形网络进行无线数据传输。各终端节点与协调器连接构成星形网络结构,中心为协调器,周围是终端节点。终端节点主要有灯节点和开关节点。在该系统中,协调器负责整个网络的管理与维护,负责数据上传,而终端节点上连接相应的 LED 照明灯和开关,可自动搜寻 ZigBee 网络,并加入其中建立通信关系,使自己成为这个网络的终端节点,开关节点将按键值发送给协调器,协调器发送给需要控制的灯节点,灯节点接收协调器发送的相关数据信息,并

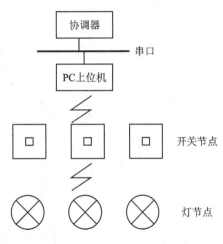

图 6 - 1　智能灯与开关系统结构图

进行相应的控制操作。在工程应用中,该系统可以接入互联网设备,实现远程的信息交互与智能控制。而本章主要介绍实现一个小型的系统设计应用,系统终端采用 PC 终端的串口助手方式实现信息获取和应用控制。

智能灯与开关系统设计流程如图 6 - 2 所示。其中,硬件选择主要是进行无线处理器芯片、传感器以及外围接口电路的选择;芯片配置是完成功能应用的配置设计;软件修改是对功能进行逐步完善的修改;配置到具体硬件设备,并通过实验观察设计结果;总结设计过程、操作配置方式与流程。

图 6 - 2　设计流程图

6.2 硬件设计

  本设计采用天诚 ZigBee3.0 的开发套件 Creek - ZB - PK 搭建智能灯与开关系统。系统采用 3 个 ZigBee 模块,分别作为协调器、路由器和终端设备。

  协调器的硬件包括微处理器底板和无线传感模块。路由器模块的硬件包括微处理器底板、无线传感模块、可变色灯模块,可进行功能实现。可变色灯模块的红色 LED 作为需要控制的灯使用,其硬件电路图如图 6 - 3 所示。在系统设计之前,将无线传感模块和可变色灯模块配置到微处理器底板上。终端设备包括微处理器底板和无线传感模块,上面的按键作为开关。

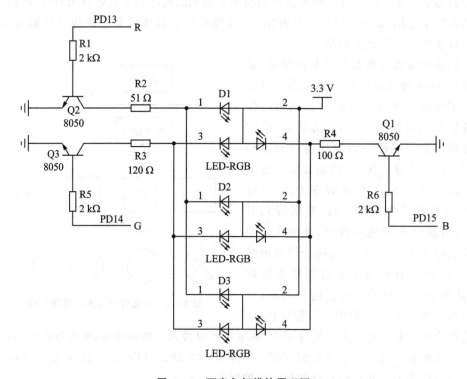

图 6 - 3　可变色灯模块原理图

6.2.1　实物图

  在开发系统中,主要包括 ZigBee 底板、无线传感模块(ZigBee3.0)、可变色灯模块。

1. ZigBee 底板图

ZigBee 底板实物图如图 6 - 4 所示。

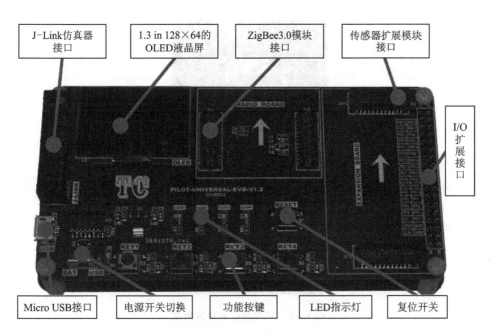

图 6-4 ZigBee 底板实物图

2. 无线传感(ZigBee3.0)模块图

ZigBee3.0 模块实物图如图 6-5 所示。

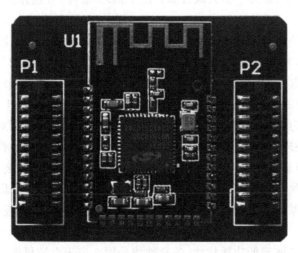

图 6-5 ZigBee3.0 模块实物图

3. 可变色灯模块图

可变色灯模块实物图如图 6-6 所示。

图 6-6　可变色灯模块实物图

6.2.2　设计系统

根据图 6-1 所示的智能灯与开关系统,本设计采用 3 套 ZigBee 套件(一块底板＋一块 ZigBee3.0 模块,称为一套天诚百微智能 ZigBee 套件)分别作为协调器、路由器和终端设备。

在本系统中,协调器节点由一块底板和 ZigBee 模块组成。协调器节点在无线传感器网络中的作用非常重要,是整个系统的核心,其作用是在上位机和下位机之间进行数据交换,在网络中起到纽带的作用,并控制 ZigBee 网络中其他终端节点。

路由器设备由一块底板、一块 ZigBee3.0 模块、可变色灯模块组成,可变色灯用作照明灯。路由器节点主要功能是负责数据的接收、处理及发送,还要对其他终端节点的数据进行接收和处理;处理包括数据的存储、融合和管理等一系列操作。

终端设备节点是无线传感器网络的最小单位,它的组成结构主要有传感器模块、无线收发器、电源模块、射频模块和处理器。它有两个功能:一是负责将数据传递给协调器;二是接收协调器的数据,并执行一些操作。终端设备由一块底板和一块 ZigBee 模块组成,用作开关。

供电方案:为了体现低功耗特性,各套件均采用 2 节干电池供电。

6.3　软件设计

软件设计包括协调器软件、路由器软件和终端节点软件的设计。

本系统中协调器的主要功能是建立网络,实现收集、汇总和处理多个终端节点的信息的功能。协调器主要负责建立 ZigBee 网络、分配网络地址和维护绑定列表,协调器的液晶屏上会显示建立网络的信息。协调器还会收集终端节点的开关信息,并向有照明灯模块的终端节点发送指令控制灯的开关,实现主动控制照明环境的功能。协调器的软件流程图如图 6 - 7 所示。

ZigBee 路由节点的主要功能是与上级节点进行数据交互,并完成灯亮灭的控制。首先,路由节点通过搜索加入 ZigBee 网络。然后,与协调器通信,接收来自协调器的指令,并根据这些指令执行相关的操作,实现对灯光的有效控制。ZigBee 路由节点程序设计流程图如图 6 - 8 所示。

ZigBee 终端节点的主要功能是完成照明灯控制,并与上级节点进行数据交互。首先,通过搜索加入网络 Zig-Bee。然后,检测按键状态,并将开关按键的状态发送数据给协调器,从而实现对灯光的有效控制。ZigBee 终端节点程序设计流程图如图 6 - 9 所示。

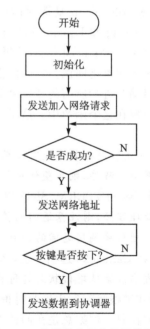

图 6 - 7　协调器流程图

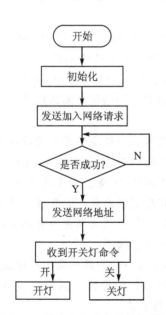

图 6 - 8　路由节点程序设计流程图　　　图 6 - 9　终端节点程序设计流程图

6.3.1　配置过程

下面介绍配置过程,其中协调器工程的配置与第 5 章完全相同,这里主要说明开关灯的配置,不同之处的配置会给出说明。

1. 建立工程

① 使用 Simplicity Studio 图形化配置界面，新建一个工程，选择 ZCL Aplication Framwork V2，选择 SOC 方案，选择 IAR 编译器。

② 设置制造商为 Silicon Laboratories［0x1002］。

③ 在 ZCL clusters 选项卡上，设置工程适用的设备类型为 HA ZigBee Custom，然后修改 Profile Id 和 Device Id。

④ 在 Znet stack 选项卡上，设定 ZigBee PRO 网络配置下的设备类型为 End Device；Radio 配置为 Use API 的接口函数，使能 boost power mode，其他选项默认。

⑤ 在 Plugins 选项上，设定工程对不同设备的打印信息支持。支持消息缓冲系统用于存储消息，直到它们被检索到，或可设置消息超时过期；重点设置是在 Debug printing 下选择 Enable debug printing；在 CLI Options 下选择 Include Command Descriptions in CLI 的全部命令模式。

⑥ 在 HAL configuration 选项卡上，设置 Bootloader 为 Standalone（独立的）。

⑦ 在 Plugins 选项卡上，Common clusters 选择为 Basic Server Cluster（基本服务簇）\Identify Cluster（认证簇）\Reporting（上报）；Stack Libraries 选择绑定列表库，绑定列表的值设置为 10；在 Utility 选项上，选择 End Device Support、Fragmentation、Heartbeat 和 Idle/Sleep 复选项；在 ZigBee3.0 选项上，选择 Find and Bind Initiator、Network Steering 和 Update TC Link Key 复选项。

⑧ 在 Callbacks 选项卡上，选择 Hal Button Isr 和 Main Init，即支持按键中断回调函数和主函数初始化回调。它的函数是从应用程序的主函数调用的，使应用程序有机会在系统启动时进行所需的任何初始化。通常放在应用程序 main() 例程顶部的任何代码都应该放在这个函数中。这是在集群、插件和网络初始化之前调用的，因此某些功能不能用。

注意：应用程序框架中没有回调与资源清理关联。如果要在考虑资源清理的 Unix 主机上实现应用程序，则希望使用标准的 Posix 系统调用，包括使用 atexit() 和处理程序处理信号，如 SIGTERM、SIGINT、SIGCHLD、SIGPIPE 等。如果使用 signal() 函数注册信号处理程序，则注意返回的值可能是应用程序框架函数。如果返回值是非空的，则确保从处理程序调用返回的函数，以避免否定应用程序框架本身的资源清理。

同样，在 Callbacks 选项卡上，选择 Stack Status 复选项。

应用程序框架从堆栈状态处理程序调用它的函数。此回调为应用程序提供了一个机会，以便在堆栈状态发生更改时得到通知并采取适当的操作。框架会忽略这个回调函数的返回代码。框架总是在回调返回后处理堆栈状态。

⑨ 打开 FindAndBindInitiatorComplete、NetworkSteeringComplete、ReportingConfigured 回调函数。

⑩ 保存之后，单击 Generate 进行代码编译。

2. 协调器配置

① 芯片外设配置：选择 DCDC 选项，取消已选择 PTI 选项；

② 外部晶振配置；

③ 下载口配置；

④ 按键配置；

⑤ LED 配置：配置 4 个 LED：PF4、PF5、PC9、PC6。

3. 路由器节点配置

路由器节点配置与协调器节点相同。

4. 终端节点配置

终端节点配置除按键外，其他配置与前面相同。终端节点配置了 3 个按键，增加了一个按键 PC8，这个按键在后面将会用作控制 OnOff_light 的 LED 使用。

5. 编　译

使用 IAR 打开工程然后编译，编译通过后打开回调函数文件修改代码。

6. 用 IAR 打开工程并编译

下载程序 bootloader... S37＋Coord_custom. s37；配置结束后，软件自动生成代码，实现智能灯与开关系统的应用。

6.3.2　关键实现函数介绍

ZigBee 协调器需要先开始工作。上电后，ZigBee 协调器首先初始化协议栈，然后进行能量检测，选择合适的信道，启动协调器；此后才允许 ZigBee 设备与其连接，接收它们传输的各节点的数据。开关节点和灯节点上电后首先进行信道扫描，搜寻网络协调器，然后与协调器建立连接。连接成功后，它们即通过协调器发送的信标与协调器实现同步，并开始按周期与协调器通信。

1. 协调器节点的关键实现函数描述

协调器节点功能有网络初始化、组建及维护网络、处理终端节点上传信息、对上位机发送的命令进行解析，关键程序设计如下：

（1）emberAfMainInitCallback：主函数初始化函数

主函数初始化函数的主要功能是在设备初始化配置后，跳入事件处理 emberEventControlSetActive 启动创建网络。程序如下：

```
void emberAfMainInitCallback(void)
{
  char msg[30];
  EmberEUI64 myEui64;
  emberAfGetEui64(myEui64);               //获取本机物理地址
  OLED_Init();                            //OLED 初始化，包括 I/O 和驱动
  OLED_ShowString(0, 0, "    Coord", 16); //显示 Coord
  sprintf(msg,
          "Node:%X%X%X%X%X%X%X%X",
           myEui64[7],
           myEui64[6],
```

```
                  myEui64[5],
                  myEui64[4],
                  myEui64[3],
                  myEui64[2],
                  myEui64[1],
                  myEui64[0]);
    OLED_ShowString(0, 2, (u8 *)msg, 12);                    //显示 myEui64 地址
    emberEventControlSetActive(commissioningEventControl);   //启动创建网络事件
}
```

（2）commissioningEventFunction：网络创建调试函数

执行网络创建调试函数实现网络创建，程序如下：

```
void commissioningEventFunction(void)                        //网络创建调试
{
    emberEventControlSetInactive(commissioningEventControl);
    if (emberAfNetworkState() != EMBER_JOINED_NETWORK)
    {
        emberAfPluginNetworkCreatorStart(1);                 //创建网络
    }
}
```

（3）emberAfPluginNetworkCreatorCompleteCallback：网络创建完成回调函数

网络创建完成回调函数的主要功能是判断网络是否创建成功，建网成功后在液晶屏显示通道、网络地址等信息。程序如下：

```
voidemberAfPluginNetworkCreatorCompleteCallback(const EmberNetworkParameters * net-
work, bool usedSecondaryChannels)
{
    char msg[30];
    EmberNodeType nodeTypeResult = 0xFF;
    EmberNetworkParameters networkParams = { 0 };
    if (emberAfNetworkState() == EMBER_JOINED_NETWORK)       //建网成功
    {
        emberAfGetNetworkParameters(&nodeTypeResult, &networkParams);
        sprintf(msg, "Channel:%d", networkParams.radioChannel);
        OLED_ShowString(0, 3, (u8 *)msg, 12);                //显示通道
        sprintf(msg, "PanId:0x%X", networkParams.panId);
        OLED_ShowString(0, 4, (u8 *)msg, 12);                //显示 PanID
        sprintf(msg, "NodeId:0x%04X", emberAfGetNodeId());
        OLED_ShowString(0, 5, (u8 *)msg, 12);                //显示节点网络地址
        halSetLed(BOARDLED3);                                 //点亮 LED4
        emberEventControlSetDelayMS(PeriodicEventControl, 500); //启动超时定时器
                                                             //Periodic,500 ms
    }
}
```

（4）emberAfStackStatusCallback：网络状态更新回调函数

网络状态更新回调函数的主要功能是判断网络状态，并更新液晶屏和 LED 的显示状态。程序如下：

```
booleanemberAfStackStatusCallback(EmberStatus status)
{
  char msg[30];
  EmberNodeType nodeTypeResult = 0xFF;
  EmberNetworkParameters networkParams = { 0 };
  if (status == EMBER_NETWORK_UP)
  {
    emberAfGetNetworkParameters(&nodeTypeResult, &networkParams);
    sprintf(msg, "Channel:% d", networkParams.radioChannel);
    OLED_ShowString(0, 3, (u8 *)msg, 12);                    //显示通道
    sprintf(msg, "PanId:0x% X", networkParams.panId);
    OLED_ShowString(0, 4, (u8 *)msg, 12);                    //显示 PanID
    sprintf(msg, "NodeId:0x% 04X", emberAfGetNodeId());
    OLED_ShowString(0, 5, (u8 *)msg, 12);                    //显示节点网络地址
    halSetLed(BOARDLED3);                                    //点亮 LED4
    emberEventControlSetDelayMS(PeriodicEventControl, 500);  //启动周期性超时定时器
                                                             //500 ms
  }
  return true;
}
```

(5) emberAfHalButtonIsrCallback：按键处理回调函数

在有按键按下和按键释放状态时，都会触发这个函数。其中，参数 int8u button 表示哪个按键触发的回调，参数 int8u state 记录按键是按下还是释放。

KEY1：控制入网允许功能，在入网允许状态下，其他节点也可以加入该网络。每次按下 KEY1 可在允许入网和不允许入网状态之间切换。（在做实验时，入网完成后请马上关闭入网允许功能，以免他人的节点加入该网络。如果自己的节点误加入他人的网络，请从串口发送退网 CLI 命令 network leave）。

KEY2：控制 Identify（识别状态）功能，在 Identify 状态下节点可以被绑定。每次按下 KEY2 可在 Identify 和非 Identify 状态之间切换。程序如下：

```
voidemberAfHalButtonIsrCallback(int8u button,int8u state),
{
  int16u identifyTime;
  if(button == BUTTON0)                                      //KEY1
  {
    if(state == BUTTON_PRESSED)
    {
      pressTimeCapture[0] = halCommonGetInt32uMillisecondTick();//记录按下的时间,每
                                                             //个 Tick 时间 1 ms
    }
    else if(state == BUTTON_RELEASED)                        //释放按键
    {
      if(halCommonGetInt32uMillisecondTick() - pressTimeCapture[0] > 100)
      {
        if (emberAfNetworkState() == EMBER_JOINED_NETWORK)
        {
          if(PermitJoinTime == 0)
          {
```

```
                    emberAfPluginNetworkCreatorSecurityOpenNetwork(); //允许加入网络
                    OLED_ShowString(0, 7, "PermitJoin...          ", 12);//显示允许加入网络
                    PermitJoinTime = 600;                       //500 ms * 600 = 300 s 倒计时
                }
            else
                {
                    emberAfPluginNetworkCreatorSecurityCloseNetwork();//关闭允许加入网络
                    halClearLed(BOARDLED2);
                    PermitJoinTime = 0;
                    OLED_ShowString(0, 7, "                 ", 12);   //清除显示允许加入网络
                }
            }
        }
    }
}
else if(button == BUTTON1)                                       //KEY2
{
    if(state == BUTTON_PRESSED)
    {
        pressTimeCapture[1] = halCommonGetInt32uMillisecondTick(); //记录按下的时间,每
                                                                //个 Tick 时间 1 ms
    }
    else if(state == BUTTON_RELEASED)                            //释放按键
    {
        if(halCommonGetInt32uMillisecondTick() - pressTimeCapture[1] > 100)
        {
            if (emberAfNetworkState() == EMBER_JOINED_NETWORK)
            {
                if(MyidentifyTime == 0)                         //如果没处于 Identify 状态
                {
                    if(emberAfPluginFindAndBindTargetStart(1) == EMBER_ZCL_STATUS_SUCCESS)
                    {
                        OLED_ShowString(0, 6, "IdentifyTime...      ", 12);//显示 IdentifyTime
                        MyidentifyTime = EMBER_AF_PLUGIN_FIND_AND_BIND_TARGET_COMMISSIONING_
                                        TIME * 2;          //180s * 2,定时器为 500 ms 所以乘以 2
                    }
                }
                else                                            //处于 Identify 状态
                {
                    identifyTime = 0;
                    EmberAfStatus status = emberAfWriteServerAttribute(1,
                                        ZCL_IDENTIFY_CLUSTER_ID,
                                        ZCL_IDENTIFY_TIME_ATTRIBUTE_ID,
                                        (uint8_t *)&identifyTime,
                                        ZCL_INT16U_ATTRIBUTE_TYPE);
                    if(status == EMBER_ZCL_STATUS_SUCCESS)
                    {
                        MyidentifyTime = 0;
                        halSetLed(BOARDLED3);
                        OLED_ShowString(0, 6, "                 ", 12); //清除 IdentifyTime...
                    }
```

```
            }
         }
      }
   }
}
```

(6) pressTimeCapture:按键消除抖动函数

按键消除抖动函数的功能用于按键按下时,进行计数记录每个按键按下的时间,程序如下:

```
uint32_tpressTimeCapture[BSP_BUTTON_COUNT];    //用于按键按下计时,消除抖动
if(button == BUTTON0)                          //如果是 KEY1 触发
   {
      if(state == BUTTON_PRESSED)
      {
         pressTimeCapture[0] = halCommonGetInt32uMillisecondTick();//记录按下的时间,每
                                                                   //个 Tick 时间 1 ms
      }
      else if(state == BUTTON_RELEASED)        //释放按键
      {
         if(halCommonGetInt32uMillisecondTick() - pressTimeCapture[0] > 100)
                                               //如果按下时间大于 100 ms
         {
处理自己的事件
         }
      }
   }
```

(7) PeriodicEventFunction:周期性超时定时器 500 ms 程序

周期性超时定时器 500 ms 程序用于计时允许加入网络时间和 Identify 时间,并更新 LED 和液晶显示,这里设置每 500 ms 触发一次。程序如下:

```
voidPeriodicEventFunction(void)                        //周期性超时定时器 500 ms
{
   char msg1[30];
   emberEventControlSetInactive(PeriodicEventControl);
   if(PermitJoinTime > 0)                              //允许加入网络时间
   {
      halToggleLed(BOARDLED2);                         //取反 LED3 状态
      PermitJoinTime -- ;
      if(PermitJoinTime > 0)
      {
         sprintf(msg1, "PermitJoin...   % 3d S", PermitJoinTime/2);
         OLED_ShowString(0, 7, (u8 *)msg1, 12);        //显示允许加入网络
      }
      else
      {
         halClearLed(BOARDLED2);                        //熄灭 LED3
         OLED_ShowString(0, 7, "                        ", 12);//清除显示允许加入网络
      }
   }
```

```
    if(MyidentifyTime > 0)                              //识别状态时间
    {
      halToggleLed(BOARDLED3);                          //取反 LED4 状态
      MyidentifyTime -- ;
      if(MyidentifyTime > 0)
      {
        sprintf(msg1, "IdentifyTime... %3d S", MyidentifyTime/2);
       OLED_ShowString(0, 6, (u8 * )msg1, 12);          //显示 Identify
      }
      else
      {
        halSetLed(BOARDLED3);                           //点亮 LED4
        OLED_ShowString(0, 6, "                ", 12);  //清除显示 Identify
      }
    }
    emberEventControlSetDelayMS(PeriodicEventControl, 500); //循环 500 ms
}
```

2. 灯节点的关键实现函数描述

灯节点功能主要负责设备初始化、加入网络、数据的上传下达，并接收来自协调器的控制信息。关键程序设计如下：

(1) emberAfMainInitCallback：主函数初始化回调函数

主函数初始化回调函数的主要功能是进行设备初始化配置，显示灯初始化信息。程序如下：

```
void emberAfMainInitCallback(void)
{
  char msg[30];
  EmberEUI64 myEui64;
  emberAfGetEui64(myEui64);
  GPIO_PinModeSet(gpioPortD, 13, gpioModePushPull, 0); //R
  GPIO_PinModeSet(gpioPortD, 14, gpioModePushPull, 0); //G
  GPIO_PinModeSet(gpioPortD, 15, gpioModePushPull, 0); //B
  OLED_Init();                                         //OLED 初始化,包括 I/O 和驱动
  OLED_ShowString(0, 0, "  On/Off Light", 16);         //显示 On/Off Light
  sprintf(msg, "Node:%X%X%X%X%X%X%X%X",
          myEui64[7],
          myEui64[6],
          myEui64[5],
          myEui64[4],
          myEui64[3],
          myEui64[2],
          myEui64[1],
          myEui64[0]);
  OLED_ShowString(0, 2, (u8 * )msg, 12);               //显示 myEui64 地址
  emberEventControlSetDelayMS(PeriodicEventControl, 500);
```

(2) emberAfHalButtonIsrCallback：按键处理回调函数

按键处理回调函数的主要功能是检测是否有按键按下及按下的状态。其中，

KEY1 是控制入网允许功能,在入网允许状态下,其他节点可以加入该网络。每次按下 KEY1 可在允许入网和不允许入网状态之间切换。KEY2 是控制 Identify(识别状态) 功能,在 Identify 状态下节点可以被绑定。每次按下 KEY2 可在 Identify 和非 Identify 状态之间切换。程序如下:

```
voidemberAfHalButtonIsrCallback(int8u button, int8u state)
{
  uint16_t identifyTime;
  if(button == BUTTON0)                              //KEY1
  {
    if(state == BUTTON_PRESSED)
    {
      pressTimeCapture[0] = halCommonGetInt32uMillisecondTick();
    }
    else if(state == BUTTON_RELEASED)           //释放按键
    {
      if(halCommonGetInt32uMillisecondTick() - pressTimeCapture[0] > 100)
      {
        emberEventControlSetActive(commissioningEventControl); //开始扫描并加入网络
      }
    }
  }
  else if(button == BUTTON1)                       //KEY2
  {
    if(state == BUTTON_PRESSED)
    {
      pressTimeCapture[1] = halCommonGetInt32uMillisecondTick();
    }
    else if(state == BUTTON_RELEASED)            //释放按键
    {
      if(halCommonGetInt32uMillisecondTick() - pressTimeCapture[1] > 100)
      {
//如果已经加入网络
        if (emberAfNetworkState() == EMBER_JOINED_NETWORK)
        {
//如果没有处于 identify 状态
        if(MyidentifyTime == 0)
        {
          if(emberAfPluginFindAndBindTargetStart(1) == EMBER_ZCL_STATUS_SUCCESS)
                                                    //开启 Identify 状态 180 s
          {
            OLED_ShowString(0, 6, "Identify...        ", 12);//显示 FindAndBind

            MyidentifyTime = EMBER_AF_PLUGIN_FIND_AND_BIND_TARGET_COMMISSIONING_
                        TIME * 2;//180s * 2,定时器为 500 ms 所以乘以 2

            emberEventControlSetActive(PeriodicEventControl);
          }
        }
        else                                    //处于 Identify 状态
```

```
                {
                    identifyTime = 0;

                    EmberAfStatus status = emberAfWriteServerAttribute(1,
                                        ZCL_IDENTIFY_CLUSTER_ID,
                                        ZCL_IDENTIFY_TIME_ATTRIBUTE_ID,
                                        (uint8_t *)&identifyTime,
                                        ZCL_INT16U_ATTRIBUTE_TYPE);
            //写入 ZCL_IDENTIFY_TIME_ATTRIBUTE 属性值为 0,关闭 Identify 状态
                    if(status == EMBER_ZCL_STATUS_SUCCESS)
                    {
                        MyidentifyTime = 0;

                        halSetLed(BOARDLED3);
                        //清除显示 FindAndBind
                        OLED_ShowString(0, 6, "              ", 12);
                    }
                }
            }
        }
    }
}
```

(3) commissioningEventFunction:网络创建调试函数

网络创建调试函数的主要功能是与协调器建立连接,调用 emberAfPluginNetworkSteeringStart 函数来扫描加入网络。程序如下:

```
void commissioningEventFunction(void)
{
    emberEventControlSetInactive(commissioningEventControl);
//没有加入网络
    if (emberAfNetworkState() != EMBER_JOINED_NETWORK)
    {
//显示 NetworkSteering...
        OLED_ShowString(0, 7, "NetworkSteering...  ", 12);
        emberAfPluginNetworkSteeringStart();//开始扫描及加入网络
    }
}
```

(4) emberAfPluginNetworkSteeringCompleteCallback:网络扫描及加入完成回调函数

网络扫描及加入完成回调函数的主要功能是判断终端节点加入网络后,在液晶屏显示状态。程序如下:

```
voidemberAfPluginNetworkSteeringCompleteCallback(EmberStatus status,
    uint8_t totalBeacons,
    uint8_t joinAttempts,
    uint8_t finalState)
{
    char msg[30];
    EmberNodeType nodeTypeResult = 0xFF;
    EmberNetworkParameters networkParams = { 0 };
```

```
    emberAfCorePrintln("Network Steering Completed: % p (0x % X)",
                      (status == EMBER_SUCCESS ? "Join Success" : "FAILED"),
                      status);
    emberAfCorePrintln("Finishing state: 0x % X", finalState);
    emberAfCorePrintln("Beacons heard: % d\nJoin Attempts: % d", totalBeacons, joinAt-
tempts);
    if (emberAfNetworkState() == EMBER_JOINED_NETWORK)
    {
    emberAfGetNetworkParameters(&nodeTypeResult, &networkParams);
    sprintf(msg, "Channel: % d", networkParams.radioChannel);
    OLED_ShowString(0, 3, (u8 * )msg, 12);                //显示通道
    sprintf(msg, "PanId:0x % X", networkParams.panId);
    OLED_ShowString(0, 4, (u8 * )msg, 12);                //显示 PanID
    sprintf(msg, "NodeId:0x % 04X", emberAfGetNodeId());
    OLED_ShowString(0, 5, (u8 * )msg, 12);                //显示节点网络地址
    halSetLed(BOARDLED3);
    }
    OLED_ShowString(0, 7, "                    ", 12);     //清除显示 NetworkSteering...
}
```

（5）PeriodicEventFunction：周期性超时定时器 500 ms 函数

周期性超时定时器 500 ms 函数用于计时允许加入网络时间和 Identify 时间，并更新 LED 和液晶显示。这里设置每 500 ms 触发一次。另外，如果处于允许入网状态，则闪烁 LED3。程序如下：

```
void PeriodicEventFunction(void)
{
  char msg1[30];
  emberEventControlSetInactive(PeriodicEventControl);
  if(emberGetPermitJoining())       //如果允许加入
  {
    halToggleLed(BOARDLED2);
  }
  else
  {
    halClearLed(BOARDLED2);         //LED3 熄灭
  }
  if(MyidentifyTime > 0)            //Identify 状态
  {
    halToggleLed(BOARDLED3);
    MyidentifyTime -- ;
    if(MyidentifyTime > 0)
    {
      sprintf(msg1, "IdentifyTime... % 3d S", MyidentifyTime/2);
      //显示 IdentifyTime
OLED_ShowString(0, 6, (u8 * )msg1, 12);
    }
    else
    {
      halSetLed(BOARDLED3);
//清除显示 IdentifyTime
```

```
      OLED_ShowString(0, 6, "                        ", 12);
    }
  }
  emberEventControlSetDelayMS(PeriodicEventControl, 500);
}
```

(6) emberAfStackStatusCallback：网络状态更新回调函数

网络状态更新回调函数的主要功能是判断网络状态，并更新液晶屏显示状态，点亮 LED4。程序如下：

```
booleanemberAfStackStatusCallback(EmberStatus status)
{
  char msg[30];
  EmberNodeType nodeTypeResult = 0xFF;
  EmberNetworkParameters networkParams = { 0 };
  if (status == EMBER_NETWORK_UP)              //网络已运行
  {
    emberAfGetNetworkParameters(&nodeTypeResult, &networkParams);
    sprintf(msg, "Channel:% d", networkParams.radioChannel);
    OLED_ShowString(0, 3, (u8 *)msg, 12);     //显示通道
    sprintf(msg, "PanId:0x% X", networkParams.panId);
    OLED_ShowString(0, 4, (u8 *)msg, 12);     //显示 PanID
    sprintf(msg, "NodeId:0x% 04X", emberAfGetNodeId());
    OLED_ShowString(0, 5, (u8 *)msg, 12);     //显示节点网络地址
    halSetLed(BOARDLED3);                     //点亮 LED4
  }
  return true;
}
```

(7) OnOff：属性改变回调函数

OnOff 属性改变回调函数的主要功能是根据接收的开关指令信息调用 GPIO_PinModeSet 函数控制灯的亮灭状态。程序如下：

```
void emberAfOnOffClusterServerAttributeChangedCallback(int8u endpoint,
       EmberAfAttributeId attributeId)
{
  if (attributeId == ZCL_ON_OFF_ATTRIBUTE_ID) {
    bool onOff;
    if (emberAfReadServerAttribute(endpoint,
                                   ZCL_ON_OFF_CLUSTER_ID,
                                   ZCL_ON_OFF_ATTRIBUTE_ID,
                                   (uint8_t *)&onOff,
                                   sizeof(onOff))
         == EMBER_ZCL_STATUS_SUCCESS) {
      if (onOff) {
        GPIO_PinModeSet(gpioPortD, 13, gpioModePushPull, 1);
      } else {
        GPIO_PinModeSet(gpioPortD, 13, gpioModePushPull, 0);
      }
    }
  }
}
```

3. 开关节点的关键实现函数描述

开关节点功能主要负责设备初始化、加入网络、数据的上传下达,并将开关信息发送给协调器。关键程序设计如下:

(1) emberAfMainInitCallback:主函数初始化回调函数

主函数初始化回调函数的主要功能是进行设备初始化配置,显示开关初始化信息。程序如下:

```
void emberAfMainInitCallback(void)
{
  char msg[30];
  EmberEUI64 myEui64;
  emberAfGetEui64(myEui64);
  OLED_Init();                                    //OLED 初始化,包括 I/O 和驱动
  OLED_ShowString(0, 0, "  On/Off Switch", 16);   //显示 On/Off Switch
  sprintf(msg,
          "Node:%X%X%X%X%X%X%X%X",
          myEui64[7],
          myEui64[6],
          myEui64[5],
          myEui64[4],
          myEui64[3],
          myEui64[2],
          myEui64[1],
          myEui64[0]);

  OLED_ShowString(0, 2, (u8 *)msg, 12);           //显示 myEui64 地址
}
```

(2) emberAfHalButtonIsrCallback:按键处理回调函数

该函数在有按键按下和释放状态时都会被触发。其中,参数 int8u button 表示哪个按键触发的回调,参数 int8u state 记录按键是按下还是释放。

KEY1:控制入网允许功能,在入网允许状态下,其他节点可以加入该网络。每次按下 KEY1 可在允许入网和不允许入网状态之间切换。(在做实验时,入网完成后请马上关闭入网允许功能,以免他人的节点加入该网络。如果自己的节点误加入他人的网络,请从串口发送退网 CLI 命令 network leave)。

KEY2:控制发起绑定命令,如果此时网络中有节点处于 Identify(识别)状态,则会向这个节点发起绑定。

KEY4:控制被绑定节点的 LED 翻转。

绑定的原理:

通常一个 Endpoint 下面的 cluster 有输入型和输出型,如果某个 Endpoint 拥有某个 cluster 的输出型,那么这个 Endpoint 在这个 cluster 下就是控制者;如果是输入型,那么这个 Endpoint 在这个 cluster 下就是受控者。控制者和受控者,又可以分别称为客户端(client)和服务器(sever)。

绑定的原理是让一个控制者的 Endpoint 去绑定一个受控者的 Endpoint,控制者永

久性地记录受控者的 MAC 地址。这样受控者不论 NODE ID 怎么变化,都可以被控制者找到。另外,受控者还可以反向绑定控制者,比如 Report 就是受控者绑定控制者,然后把自己 Attribute 的状态变化值 Report 给控制者。

此处开关节点带有 OnOff client 功能(控制者)去控制灯设备(受控者)。如果希望开关能控制灯,就需要开关节点绑定灯节点。此时从开关节点发送命令去绑定灯节点。

具体程序如下:

```
void emberAfHalButtonIsrCallback(int8u button, int8u state)
{
  if(button == BUTTON0)                      //KEY1
  {
    if(state == BUTTON_PRESSED)
    {
      pressTimeCapture[0] = halCommonGetInt32uMillisecondTick();
    }
    else if(state == BUTTON_RELEASED)        //释放按键
    {
      if(halCommonGetInt32uMillisecondTick() - pressTimeCapture[0] > 50)
      {
        emberEventControlSetActive(commissioningEventControl);
      }
    }
  }
  else if(button == BUTTON1)                 //KEY2
  {
    if(state == BUTTON_PRESSED)
    {
      pressTimeCapture[1] = halCommonGetInt32uMillisecondTick();
    }
    else if(state == BUTTON_RELEASED)        //释放按键
    {
      if(halCommonGetInt32uMillisecondTick() - pressTimeCapture[1] > 50)
      {
        if (emberAfNetworkState() == EMBER_JOINED_NETWORK)
        {
if(emberAfPluginFindAndBindInitiatorStart(1) == EMBER_ZCL_STATUS_SUCCESS)
          {
            OLED_ShowString(0, 7, "FindAndBind...       ", 12);//显示 FindAndBind
          }
        }
      }
    }
  }
  else if(button == BUTTON2)                 //KEY4
  {
    if(state == BUTTON_PRESSED)
    {
      pressTimeCapture[2] = halCommonGetInt32uMillisecondTick();
    }
```

```
        else if(state == BUTTON_RELEASED)                        //释放按键
        {
            if(halCommonGetInt32uMillisecondTick() - pressTimeCapture[2] > 50)
            {
                emberAfGetCommandApsFrame()->sourceEndpoint = 1;  //指定 EP
                emberAfFillCommandOnOffClusterToggle();           //OnOff 状态翻转
                emberAfSendCommandUnicastToBindings();            //单播发送到绑定节点
            }
        }
    }
}
```

(3) commissioningEventFunction：网络创建调试函数

网络创建调试函数的主要功能是通过与协调器建立连接，调用 emberAfPlugin-NetworkSteeringStart 函数来扫描加入网络。程序如下：

```
voidcommissioningEventFunction(void)
{
    emberEventControlSetInactive(commissioningEventControl);
    if (emberAfNetworkState() != EMBER_JOINED_NETWORK)           //没有加入网络
    {
        OLED_ShowString(0, 7, "NetworkSteering...   ", 12);      //显示 NetworkSteering...
        emberAfPluginNetworkSteeringStart();                     //开始扫描及加入网络
    }
}
```

(4) emberAfPluginNetworkSteeringCompleteCallback：网络扫描及加入完成回调函数

网络扫描及加入完成回调函数的主要功能是判断终端节点加入网络后在液晶屏显示状态，并点亮 LED4。程序如下：

```
voidemberAfPluginNetworkSteeringCompleteCallback(EmberStatus status,
                                                 uint8_t totalBeacons,
                                                 uint8_t joinAttempts,
                                                 uint8_t finalState)
{
    char msg[30];
    EmberNodeType nodeTypeResult = 0xFF;
    EmberNetworkParameters networkParams = { 0 };

    emberAfCorePrintln("Network Steering Completed: % p (0x % X)",
                       (status == EMBER_SUCCESS ? "Join Success" : "FAILED"),
                       status);
    emberAfCorePrintln("Finishing state: 0x % X", finalState);
    emberAfCorePrintln("Beacons heard: % d\nJoin Attempts: % d", totalBeacons, joinAt-
tempts);

    if (emberAfNetworkState() == EMBER_JOINED_NETWORK)
    {
        emberAfGetNetworkParameters(&nodeTypeResult, &networkParams);
        sprintf(msg, "Channel: % d", networkParams.radioChannel);
        OLED_ShowString(0, 3, (u8 *)msg, 12);                    //显示通道
```

```
      sprintf(msg, "PanId:0x%X", networkParams.panId);
      OLED_ShowString(0, 4, (u8*)msg, 12);                    //显示 PanID
      sprintf(msg, "NodeId:0x%04X", emberAfGetNodeId());
      OLED_ShowString(0, 5, (u8*)msg, 12);                    //显示节点网络地址
      halSetLed(BOARDLED3);                                   //点亮 LED4
    }
    OLED_ShowString(0, 7, "                    ", 12);   //清除显示 NetworkSteering...
}
```

(5) emberAfPluginFindAndBindInitiatorCompleteCallback：绑定完成回调函数

绑定完成回调函数的主要功能是判断绑定成功与否,并在液晶屏显示绑定成功或失败的信息。程序如下:

```
void emberAfPluginFindAndBindInitiatorCompleteCallback(EmberStatus status)
{
    emberAfCorePrintln("Find and Bind Initiator: Complete: 0x%X", status);
    if(status == EMBER_SUCCESS)
    {
        OLED_ShowString(0, 7, "FindAndBind Success! ", 12);//显示 FindAndBind
    }
    else
    {
        OLED_ShowString(0, 7, "FindAndBind Failure! ", 12);//显示 FindAndBind
    }
}
```

(6) emberAfStackStatusCallback：网络状态更新回调函数

网络状态更新回调函数的主要功能是判断网络状态更新与否,并在液晶屏显示更新状态,点亮 LED4。程序如下:

```
booleanemberAfStackStatusCallback(EmberStatus status)
{
    char msg[30];
    EmberNodeType nodeTypeResult = 0xFF;
    EmberNetworkParameters networkParams = { 0 };
    if (status == EMBER_NETWORK_UP)
    {
        emberAfGetNetworkParameters(&nodeTypeResult, &networkParams);
        sprintf(msg, "Channel:%d", networkParams.radioChannel);
        OLED_ShowString(0, 3, (u8*)msg, 12);                 //显示通道
        sprintf(msg, "PanId:0x%X", networkParams.panId);
        OLED_ShowString(0, 4, (u8*)msg, 12);                 //显示 PanID
        sprintf(msg, "NodeId:0x%04X", emberAfGetNodeId());
        OLED_ShowString(0, 5, (u8*)msg, 12);                 //显示节点网络地址
        halSetLed(BOARDLED3);                                //点亮 LED4
    }
    return true;
}
```

6.4　实验调试

1. 协调器上电与允许加入

协调器节点上电后(液晶显示:Coord 和本机物理地址),自动建立网络(液晶显示工作通道、PanID、本机网络地址),可用底板按键 KEY1 打开允许加入网络(液晶显示 PermitJoin...和允许入网 300 s 倒计时),此时 LED3 闪烁。再次按下时,关闭允许加入允许入网,LED3 停止闪烁,如图 6-10 所示。

图 6-10　协调器上电

2. 灯节点上电并加入网络

灯节点(可变色灯)上电(液晶显示:On/Off Light 和本机物理地址),按下底板 KEY1 开始加入网络,液晶显示 NetworkSteering,入网成功后液晶显示工作通道、Pan-

ID、本机网络地址（Node Id）。本节点只能在协调器允许入网期间才能入网成功。此节点为灯节点，加入网络后，如果协调器还处于允许入网期，则节点 LED3 也会闪烁，直到允许入网结束，如图 6 – 11 所示。

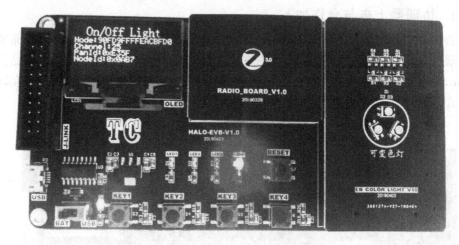

图 6 – 11　灯节点上电

3. 开关节点上电并加入网络

此时终端节点上电，先从协调器打开允许加入网络（按 KEY1），然后按开关节点的 KEY1，灯节点开始加入网络，液晶显示 NetworkSteering，入网成功后液晶显示工作通道、PanID、本机网络地址（Node Id）。本节点只能在协调器允许入网期间才能入网成功。节点加入网络后，请关闭允许加入网络（按 Coord 节点 KEY1），如图 6 – 12 所示。

此步完成后，请关闭自己的允许入网功能，以免他人的节点加入你的网络。

图 6 – 12　终端节点上电

4. 协调器从串口发送 On/Off 命令

协调器从串口发送：

zcl on-off toggle 和 send 0x4CD8 1 1（红色部分根据自己的硬件地址做相应修改，具体请参照 CLI 使用手册），表示发送 toggle 命令到终端节点（Node Id 为 0x4CD8），如图 6 - 13 所示。

图 6 - 13　协调器从串口发送 On/Off 命令

5. 开关节点绑定灯节点

开关节点绑定灯节点，先按下灯节点的 KEY2，灯节点显示 Identify，此时再按下路由节点的 KEY2，灯节点显示 FindAndBind，如果绑定成功，则液晶显示：FindAndBind Success！如果绑定失败，则液晶显示：FindAndBind Failure！只能在灯节点处于 Identify 状态时，才能绑定成功，如图 6 - 14 所示。

绑定成功后请关闭允许绑定（识别状态）。

6. 开关节点按键控制灯节点 LED

开关节点绑定灯节点成功后，开关节点可以发送命令直接控制灯节点的 LED 亮灭。按下底板的 KEY4，可直接发送翻转命令，每按一下，灯节点的 LED2 或可变色的红色 LED 都会状态翻转，如图 6 - 15 所示。

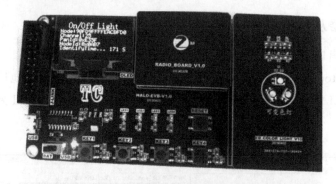

图 6 - 14   开关节点绑定灯节点

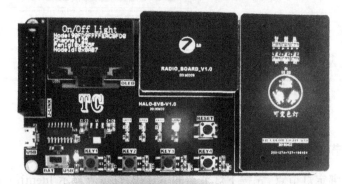

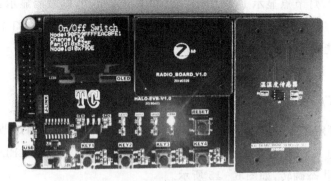

图 6 - 15   开关节点按键控制灯节点 LED

6.5　举一反三

小　结

本章基于 ZigBee 技术实现智能灯的无线开关控制,用三个 ZigBee3.0 模块建立无线传感器网络,三个 ZigBee3.0 模块分别作为协调器、路由器及终端设备启动。协调器完成自组网后,连接路由器和终端设备,路由器同时也是灯节点,终端上的按键作为开关,终端节点绑定路由节点后,由开关发送命令,实现对灯的有效控制。

扩　展

此网络中仅包含一个开关节点,一个灯节点,思考如何增加开关和灯节点从而进一步扩大网络容量。

习　题

1. 智能开关灯网络中有哪些设备类型? 如何定义?

2. 协调器的功能是什么?

3. 路由器的功能是什么?

4. 如何建立绑定和解除绑定?

第 7 章

温湿度传感器项目设计

本章以温度和相对湿度传感器项目为主,详细介绍其设计和实现过程,使读者进一步掌握 ZigBee 无线网络设计的方法和技巧。

【教学目的】

➢ 了解温湿度传感器。

➢ 完成温湿度传感模块的软硬件开发。

7.1 概 述

7.1.1 温湿度传感器

全国各行各业,如在养殖业、蔬菜大棚、花卉温室、粮库等都是需要对温度、湿度等参数进行实时监控的场合,因此对温湿度等环境数据的采集及监控的需求逐渐增多。传统的环境数据监测系统不仅价格高、构造复杂、布线麻烦,而且功耗高、系统扩展性差、维护费用高,而且在某些复杂和危险环境下还存在难以布线的问题,从而使大部分需要检测控制的区域无法实现无线远距离测量控制,因此已经不能适应智能控制的需求。所以,设计一个无线温湿度测控系统并对其进行研究和使用拓展,使测量到的相关数据能够及时发送到相应的用户端,具有实际应用价值。

近年来,ZigBee 技术对经济发展做出了很大贡献,被广泛用于工业和农业生产。经过近几年的不断改进和普及,ZigBee 技术发展相对成熟,最大的特点是低成本、低功耗和高可靠性,已广泛用于数据采集和控制领域。ZigBee 技术与其他通信技术相比,具有几个明显的特征:工作时功耗低;成本也非常低;网络组合灵活,容量大;安全性非常好。该温湿度传感器项目基于 ZigBee 无线通信技术,采集温度、湿度数据信息并显示出来,方便人们及时获取各类环境数据,采取相应措施进行处理,防止危害发生,从而获得更好的生产收益。该系统不仅价格低,性能稳定,可以在一些危险环境中使用,而且可以在很大程度上节约各种生产成本,获得更大的收益。

7.1.2 系统设计方案

本设计采用 ZigBee 模块、温湿度传感器和液晶显示模块组成的环境数据监测系统,可对温湿度环境因子进行采集和控制,适用于蔬菜大棚、花卉温室、粮库等场合。该系统通过 ZigBee 无线通信技术采集温度、湿度等环境数据信息并显示出来,方便人们实时监控环境,及时处理发生的问题,防止危害发生,从而获得更好的生产收益。温湿度传感器系统结构图如图 7-1 所示,由一台温湿度数据集中器(ZigBee 协调器)和安装在各处的若干温湿度检测节点(ZigBee 设备)组成一个星形结构网络。ZigBee 协调器负责组建集中式网络。终端设备可以执行它的相关功能,并使用 ZigBee 网络到达其他需要与其通信的设备,它的存储器容量要求最少。

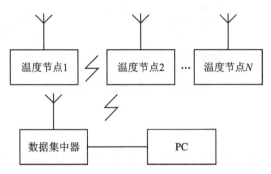

图 7-1　温湿度传感器系统结构图

温湿度传感器系统设计流程如图 7-2 所示。其中,硬件选择主要是进行无线处理器芯片、传感器以及外围接口电路的选择;芯片配置是完成功能应用的配置设计;软件修改是对功能进行逐步完善的修改;配置到具体硬件设备,并通过实验观察设计结果;总结设计过程、操作配置方式与流程。

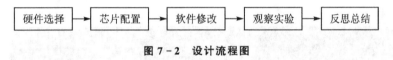

图 7-2　设计流程图

7.2　硬件设计

本设计采用天诚 ZigBee3.0 的开发套件 Creek-ZB-PK 搭建系统,如图 7-3 所示。

温湿度传感器模块的传感器采用的是一款集温度测量和湿度测量于一体的复合型传感器 SHT20。SHT20 数字温湿度传感器是 SHT2x 温湿度传感器系列中一款性价比高的产品,实验证明,该产品有可靠性高、稳定性好、响应快、抗干扰能力强、功耗小等特点,而且体积小、价格便宜、连接方便,能够降低室内环境监控系统的整体造价,便于市场推广。

基于 Creek-ZB-PK 的温湿度传感器系统设计,采用的硬件是 2 个底板+2 个无线传感模块+温湿度传感器模块。其中,微处理器底板+无线传感模块作为协调器,采用一块 ZigBee 模块、液晶开发底板和温湿度传感器模块组成温湿度传感器节点。

在系统设计之前,将无线传感模块和温湿度传感器模块配置到微处理器底板上。

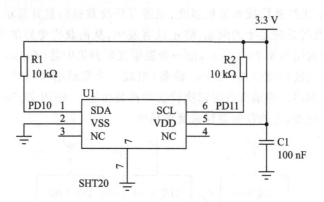

图 7 - 3　温湿度模块原理图

7.2.1　实物图

在开发系统中,主要包括 ZigBee 底板、无线传感模块(ZigBee3.0)、温湿度传感器模块。

1. ZigBee 底板图

ZigBee 底板实物图如图 7 - 4 所示。

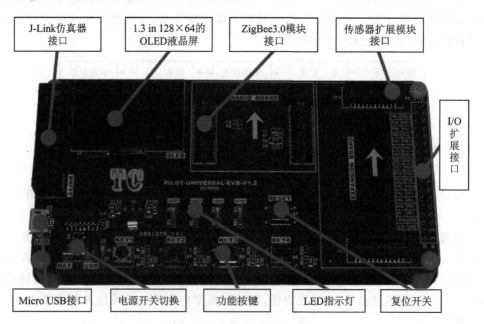

图 7 - 4　ZigBee 底板实物图

2. 无线传感(ZigBee3.0)模块图

ZigBee3.0 模块实物图如图 7 - 5 所示。

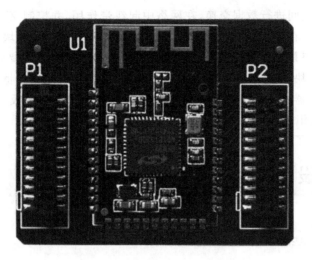

图 7 - 5　ZigBee3.0 模块实物图

3. 温湿度传感器模块图

温湿度传感器模块图如图 7 - 6 所示。

图 7 - 6　温湿度传感器实物图

7.2.2　设计系统

为了搭建温湿度传感器系统,本设计采用 2 套 ZigBee 套件(一块底板 ＋一块 Zig-Bee3.0 模块,称为一套天诚百微智能 ZigBee 套件)分别作为协调器和终端设备。

协调器节点在无线传感器网络中的作用非常重要,是整个系统的核心,其作用是在上位机与下位机之间进行数据交换,在网络中起纽带作用,并控制 ZigBee 网络中其他终端节点的工作。在本系统中,协调器节点由一块底板和 ZigBee 模块组成。

终端设备节点是无线传感器网络的最小单位,它的组成结构主要有传感器模块、无线收发器、电源模块、射频模块和处理器。它有两个功能:一是负责将数据传递给协调器;二是接收协调器的数据,并执行一些操作。终端设备由一块底板、温湿度传感器模块和 ZigBee 模块组成,用作温湿度采集节点。

供电方案:为了体现低功耗特性,各套件均采用 2 节干电池供电。

7.3 软件设计

7.3.1 函数框架介绍

ZigBee 协调器需要先开始工作。上电后,ZigBee 协调器首先初始化协议栈,进行能量检测,选择合适的信道,启动协调器;然后即允许 ZigBee 设备与其连接,接收它们传输的各节点的数据。温湿度传感器节点上电后首先进行信道扫描,搜寻网络协调器,然后与协调器建立连接。连接成功后,它们即通过协调器发送的信标与协调器实现同步,开始按周期采集本处的温湿度值,并将测量值传送给协调器。系统软件总体流程如图 7-7 所示。

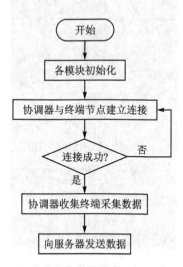

图 7-7 系统软件总体流程图

7.3.2 关键实现函数介绍

为了实现温湿度数据的采集,设计温湿度传感器节点的函数,其功能主要是负责设备初始化、加入网络,并发送信息给协调器。关键程序设计如下:

1. emberAfMainInitCallback：主函数初始化回调函数

主函数初始化回调函数的主要功能是进行温度传感器初始化配置,显示温度初始化信息。程序如下:

```
voidemberAfMainInitCallback(void)
{
  charmsg[30];
  OLED_Init();                                    //OLED 初始化,包括 I/O 和驱动
  OLED_ShowString(0, 0, "  Temperature ", 16);    //显示 temperature
  EmberEUI64 myEui64;
  emberAfGetEui64(myEui64);
  sprintf(msg,
          "Node:%X%X%X%X%X%X%X%X",
          myEui64[7],
          myEui64[6],
          myEui64[5],
          myEui64[4],
          myEui64[3],
          myEui64[2],
          myEui64[1],
          myEui64[0]);

  OLED_ShowString(0, 2, (u8 * )msg, 12);          //显示 myEui64 地址
  SHT20_Init();                                    //温度传感器初始化
}
```

2. emberAfHalButtonIsrCallback：按键处理回调函数

在按键按下和释放状态时,都会触发这个函数。其中,参数 int8u button 表示哪个按键触发的回调,参数 int8u state 记录是按下还是释放。程序如下:

```
voidemberAfHalButtonIsrCallback(int8u button,int8u state)
{
  if(button == BUTTON0)                           //KEY1 键
  {
  if(state == BUTTON_PRESSED)
    {
      pressTimeCapture[0] = halCommonGetInt32uMillisecondTick();
    }
    else if(state == BUTTON_RELEASED)             //释放按键
    {
      if(halCommonGetInt32uMillisecondTick() - pressTimeCapture[0] > 50)
      {
        emberEventControlSetActive(commissioningEventControl);
      }
    }
  }
  else if(button == BUTTON1)                       //KEY2 键
  {
    if(state == BUTTON_PRESSED)
    {
```

```
        pressTimeCapture[1] = halCommonGetInt32uMillisecondTick();
    }
    else if(state == BUTTON_RELEASED)                        //释放按键
    {
        if(halCommonGetInt32uMillisecondTick() - pressTimeCapture[1] > 50)
        {
            if (emberAfNetworkState() == EMBER_JOINED_NETWORK)
            {
                if(emberAfPluginFindAndBindInitiatorStart(1) == EMBER_ZCL_STATUS_SUCCESS)
                {
                    OLED_ShowString(0, 7, "FindAndBind...        ", 12); //显示 FindAndBind
                }
            }
        }
    }
}
```

3. commissioningEventFunction：网络创建调试函数

网络创建调试函数的主要功能是与协调器建立连接，调用 emberAfPluginNetworkSteeringStart 函数来扫描并加入网络。程序如下：

```
voidcommissioningEventFunction(void)
{
    emberEventControlSetInactive(commissioningEventControl);
    if (emberAfNetworkState() != EMBER_JOINED_NETWORK)    //没有加入网络
    {
        OLED_ShowString(0, 7, "NetworkSteering...  ", 12); //显示 NetworkSteering...
        emberAfPluginNetworkSteeringStart();                   //开始扫描及加入网络
    }
}
```

4. emberAfPluginNetworkSteeringCompleteCallback：网络扫描及加入完成回调函数

网络扫描及加入完成回调函数的主要功能是判断终端节点是否加入网络，并在液晶屏显示状态。程序如下：

```
voidemberAfPluginNetworkSteeringCompleteCallback(EmberStatus status,
                                            uint8_ttotalBeacons,
                                            uint8_tjoinAttempts,
                                            uint8_tfinalState)
{
    charmsg[30];
    EmberNodeType nodeTypeResult = 0xFF;
    EmberNetworkParameters networkParams = { 0 };
    emberAfCorePrintln("Network Steering Completed：% p (0x% X)",
                    (status == EMBER_SUCCESS ? "Join Success" : "FAILED"),
                    status);
    emberAfCorePrintln("Finishing state：0x% X", finalState);
```

```
    emberAfCorePrintln("Beacons heard：% d\nJoin Attempts：% d", totalBeacons, joinAt-
tempts);
    if (emberAfNetworkState() == EMBER_JOINED_NETWORK)
    {
      emberAfGetNetworkParameters(&nodeTypeResult, &networkParams);
      sprintf(msg, "Channel:% d", networkParams.radioChannel);
      OLED_ShowString(0, 3, (u8 * )msg, 12);                    //显示通道
      sprintf(msg, "PanId:0x% X", networkParams.panId);
      OLED_ShowString(0, 4, (u8 * )msg, 12);                    //显示 PanID
      sprintf(msg, "NodeId:0x% 04X", emberAfGetNodeId());
      OLED_ShowString(0, 5, (u8 * )msg, 12);                    //显示节点网络地址
      halSetLed(BOARDLED3);                                     //点亮 LED4
      emberEventControlSetDelayMS(PeriodicEventControl, 200); //200 ms 后开始采集传感器
    }
    OLED_ShowString(0, 7, "                          ", 12);    //清除显示 NetworkSteering...
  }
```

5．emberAfPluginFindAndBindInitiatorCompleteCallback：绑定完成回调函数

绑定完成回调函数的主要功能是判断绑定成功与否，并在液晶屏显示绑定成功或失败的信息。程序如下：

```
voidemberAfPluginFindAndBindInitiatorCompleteCallback(EmberStatus status)
{
  emberAfCorePrintln("Find and Bind Initiator：Complete：0x% X", status);
  if(status == EMBER_SUCCESS)
  {
    OLED_ShowString(0, 7, "FindAndBind Success!", 12);   //显示 FindAndBind
  }
  else
  {
    OLED_ShowString(0, 7, "FindAndBind Failure!", 12);   //显示 FindAndBind
  }
}
```

6．emberAfStackStatusCallback：网络状态更新回调函数

网络状态更新回调函数的主要功能是判断网络状态，并更新液晶屏显示状态，点亮LED4。程序如下：

```
boolean emberAfStackStatusCallback(EmberStatus status)
{
  charmsg[30];
  EmberNodeType nodeTypeResult = 0xFF;
  EmberNetworkParameters networkParams = { 0 };
  if (status == EMBER_NETWORK_UP)
  {
    emberAfGetNetworkParameters(&nodeTypeResult, &networkParams);
    sprintf(msg, "Channel:% d", networkParams.radioChannel);
    OLED_ShowString(0, 3, (u8 * )msg, 12);              //显示通道
    sprintf(msg, "PanId:0x% X", networkParams.panId);
```

```
        OLED_ShowString(0, 4, (u8 *)msg, 12);    //显示 PanID
        sprintf(msg, "NodeId:0x%04X", emberAfGetNodeId());
        OLED_ShowString(0, 5, (u8 *)msg, 12);    //显示节点网络地址
        halSetLed(BOARDLED3);                     //点亮 LED4
        emberEventControlSetDelayMS(PeriodicEventControl, 200);//200 ms 后开始采集传感器
    }
    return true;
}
```

7. 周期性超时定时器 2 000 ms 函数,用于定期采集传感器

周期性超时定时器 2 000 ms 函数用于计时采集一次传感器值的时间,并更新液晶显示。这里设置每 2 000 ms 触发一次。程序如下:

```
voidPeriodicEventFunction(void)
{
    float temp;
    charmsg[30];
    uint32_tch;
    emberEventControlSetInactive(PeriodicEventControl);
    temp = SHT20_Convert(SHT20_ReadTemp(),1);       //读取温度传感器值
    temp = temp * 100;                    //按照 ZigBee 串库规范,实际温度扩大 100 倍
    ch = (uint32_t)temp;
    sprintf(msg, "Temperature:%02d.%02dC  ", ch/100, ch%100);
    OLED_ShowString(0, 6, (u8 *)msg, 12);           //显示传感器值
    writeTemperatureAttributes((signed int)temp);   //写入温度值到 TemperatureAttributes
    emberEventControlSetDelayMS(PeriodicEventControl, 2000);//每 2 s 采集一次传感器
}
```

8. writeTemperatureAttributes:写入传感器值函数

写入传感器值函数的功能是写入传感器值。程序如下:

```
static voidwriteTemperatureAttributes(int32_t temperatureCentiC)
{
    int16_ttempLimitCentiC;   uint8_t i;
    uint8_t endpoint;   //循环所有端点,检查端点是否有温度服务器,如果是,则更新该端点的
                        //温度属性
    for (i = 0;i < emberAfEndpointCount(); i++) {
        endpoint = emberAfEndpointFromIndex(i);
        if (emberAfContainsServer(endpoint, ZCL_TEMP_MEASUREMENT_CLUSTER_ID)) {
            //写入当前温度属性
            emberAfWriteServerAttribute(endpoint,
                                ZCL_TEMP_MEASUREMENT_CLUSTER_ID,
                                ZCL_TEMP_MEASURED_VALUE_ATTRIBUTE_ID,
                                (uint8_t *) &temperatureCentiC,
                                ZCL_INT16S_ATTRIBUTE_TYPE);
            //确定这是否是新的最低测量温度,若是则更新 TEMP_MIN_MEASURED 属性
            emberAfReadServerAttribute(endpoint,
                                ZCL_TEMP_MEASUREMENT_CLUSTER_ID,
                                ZCL_TEMP_MIN_MEASURED_VALUE_ATTRIBUTE_ID,
                                (uint8_t *) (&tempLimitCentiC),
                                sizeof(int16_t));
```

```
if (tempLimitCentiC > temperatureCentiC) {
    emberAfWriteServerAttribute(endpoint,
                                ZCL_TEMP_MEASUREMENT_CLUSTER_ID,
                                ZCL_TEMP_MIN_MEASURED_VALUE_ATTRIBUTE_ID,
                                (uint8_t *) &temperatureCentiC,
                                ZCL_INT16S_ATTRIBUTE_TYPE);
}
//确定这是否是新的最高测量温度,若是则更新/TEMP_MAX_MEASURED 属性
emberAfReadServerAttribute(endpoint,
                           ZCL_TEMP_MEASUREMENT_CLUSTER_ID,
                           ZCL_TEMP_MAX_MEASURED_VALUE_ATTRIBUTE_ID,
                           (uint8_t *) (&tempLimitCentiC),
                           sizeof(int16_t));
if (tempLimitCentiC < temperatureCentiC) {
    emberAfWriteServerAttribute(endpoint,
                                ZCL_TEMP_MEASUREMENT_CLUSTER_ID,
                                ZCL_TEMP_MAX_MEASURED_VALUE_ATTRIBUTE_ID,
                                (uint8_t *) &temperatureCentiC,
                                ZCL_INT16S_ATTRIBUTE_TYPE);
    }
  }
 }
}
```

7.4　实验调试

1. 使用硬件

两个底板＋两个无线模块＋温湿度传感器扩展板。

开始实验之前,请把温湿度传感器扩展板插到功能为 Temperature 的底板上。

2. 加入网络

① 协调器节点上电后(液晶显示:Coord 和本机物理地址),自动建立网络(液晶显示工作通道、PanID、本机网络地址),可用底板按键 KEY1 打开允许加入网络(液晶显示:PermitJoin... 和允许入网 300 s 倒计时),再次按下时,关闭允许加入网络。

② 温湿度传感器节点上电(液晶显示:Temperature 和本机物理地址),按下底板 KEY1 开始加入网络,液晶显示 NetworkSteering...,入网成功后液晶显示工作通道、PanID、本机网络地址(Node Id)。本节点只能在协调器允许入网期间才能入网成功。

3. 温湿度传感器节点绑定协调器

温湿度传感器节点入网成功后,可按下协调器开发板上 KEY2,此时协调器允许被绑定,液晶显示 IdentifyTime... 和 180 s 倒计时,此时 LED4 闪烁。允许被绑定倒计时完成后,LED4 停止闪烁。

在协调器允许被绑定时间内,按下温湿度传感器开发板上的 KEY2,温湿度传感器节点将绑定协调器节点 endpoint1,cluster3 和 cluster0402,绑定成功液晶显示 FindAndBind Success!,绑定失败显示 FindAndBind Failure!。

4. Reporting 温度值

协调器向串口发送数据:绑定成功后温湿度传感器节点将定时上报传感器数据,可通过串口助手接收数据,如图 7-8 所示。定时上报的默认时间和变化值为:最小 2 s,最大 10 s,变化值超过 50(0.5 ℃)时每 2 s 上报一次;变化值小于 50 时,每 10 s 上报一次。

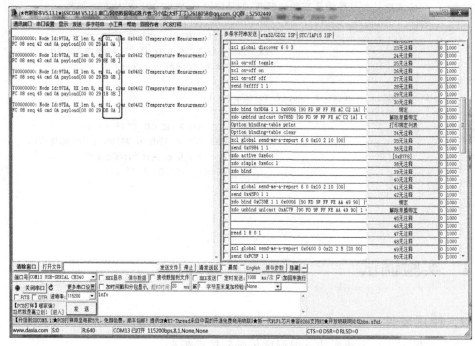

图 7-8　串口助手接收数据

7.5　举一反三

小　结

本章介绍了基于 ZigBee 技术实现温湿度数据采集,使用温湿度传感器和 ZigBee3.0 模块进行温湿度数据采集和数据传输,可以广泛用于环境监测。

扩　展

1. 思考如何改变温湿度传感器数据采集的周期。

2. 此网络中仅包含一个温湿度传感器节点,思考若增加传感器节点,扩大网络规模,如何设计硬件、软件。

习　题

1. 描述温湿度监测网络的结构。

2. 本网络只用了一个温湿度监测节点,如何实现多节点监测?

第**8**章

人体红外传感器设计

本章通过人体红外传感器的项目设计,使读者加深对芯科 EFR32MG1B132F256GM48 芯片的了解,能够依次初步进行 ZigBee3.0 项目开发、图形化配置,熟悉软件的设计流程与技巧。该项目详细介绍人体红外系统的设计原理、设计方法、参数配置与修改等。

【教学目的】
 ➢ 了解人体红外传感器的工作原理。
 ➢ 完成对人体红外传感模块的软硬件开发。

8.1 概 述

8.1.1 人体红外传感器

电磁波光谱如图 8-1 所示。红外线是频率介于微波与可见光之间的电磁波,由于其频率比人的肉眼可感知的可见光更低,因此得名。

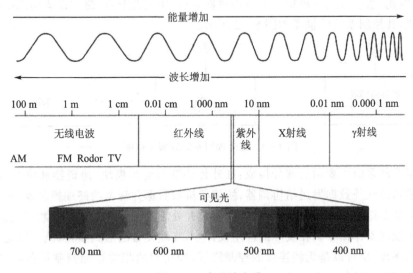

图 8-1 电磁波光谱

热释电传感器,又称为人体红外传感器,利用专用晶体材料产生的热释电效应来检测红外线辐射的变化,由于人体体温恒定,因此其释放出的红外线波长一定,当红外传感器的探头接收到人类释放的红外线时,通过菲涅尔镜片将其聚焦在热释电元件上,该元件上的电荷平衡被打破,向外释放电荷。热释电红外传感器不受白天黑夜的影响,可昼夜不停地用于监测,被广泛用于防盗报警、来客告知及非接触开关等红外领域。

在日常生活中,例如红外自动感应灯,其感应开关能感应人体红外线,人来灯亮,人离灯灭,在节约能源的同时还能实现自动照明;还有感应门,当有人靠近门口时,它会自动感应到人体,发出指令及时将门打开。

在本项目中,利用人体红外传感器对人体的监测功能,来开发搭建一套感应灯系统,实现利用人体红外传感器对人体的监测功能,控制灯的亮灭。当人体红外传感器监测到人体后,立即开灯。若监测不到人体红外数据,则延时后关灯。

8.1.2 系统框图及流程图

人体红外传感器的输出简单,检测到人体后,一般以高电平表示。根据设置,输出模式有两种:

① 不可重复触发方式,即感应输出高电平后,延时时间段一结束,输出将自动从高电平变成低电平。

② 可重复触发方式,即感应输出高电平后,在延时时间段内,如果有人体在其感应范围内活动,则其输出将一直保持高电平,直到人离开后才延时将高电平变为低电平(感应模块检测到人体的每一次活动后会自动顺延一个时间段,并且以最后一次活动的时间为延时时间的起始点)。

在进行红外传感系统的设计时,一般可将被控设备与传感器一起放置或是分开独立使用,因此,系统方案一种思路是用传感器节点、协调器节点、终端设备构成红外传感控制系统,其控制系统的框图如图8-2所示。

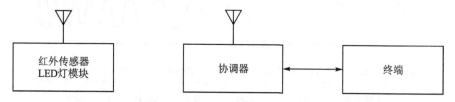

图8-2 红外控制系统方案1框图

光照控制系统主要由三部分构成:红外传感器与受控模块、协调器和终端;红外传感器将感知的红外数据发送给协调器;协调器接收数据并转发给终端控制器,也将终端的控制信息发送给红外传感器;终端设备接收并处理协调器发送的红外数据信息,并发送相应的控制操作命令。在实际的应用设计中,终端设备的形式多样,既可以是有线连接的控制终端,也可以是无线连接的控制终端,即用户的相关智能控制设备终端,此设备可接入互联网进行远程的信息交互。

因为本系统的控制相对简单,红外的数据信息也较少,因此可以利用程序直接在网络内处理数据并控制设备,为了简化其结果,本系统使用的一种设计方案是:红外传感器、协调器和受控设备构成光照传感控制系统,其系统框图如图 8 - 3 所示。

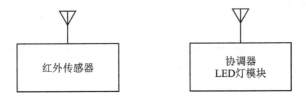

图 8 - 3　红外控制系统方案 2 框图

在大型项目中,若有多个传感器与受控设备,则可以采用星形结构,其设计系统结构如图 8 - 4 所示,协调器作为终端方式接收周围传感的相关数据信息,同时也发送控制命令给周边的传感节点。

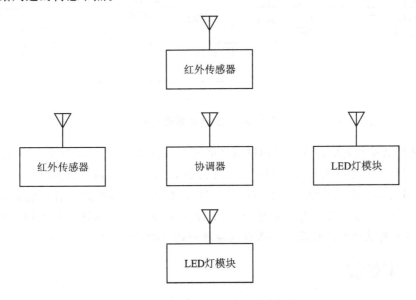

图 8 - 4　红外控制系统方案 3 框图

对比三种系统设计方案,小型的系统设计应采用第一种;对于近距离、多节点的系统应用一般采用第三种设计方案。在本系统中,为了方便演示,并简化结构,本设计选择了第二种方案,将受控设备搭载在协调器上。

本节基于 Creek - ZB - PK 红外系统设计流程如图 8 - 5 所示。其中,硬件选择主要是进行无线处理器芯片、传感器以及外围接口电路的选择;芯片配置是完成功能应用的配置设计;软件修改是对功能进行逐步完善的修改;配置到具体硬件设备,并通过实验观察设计结果;总结设计过程、操作配置方式与流程。

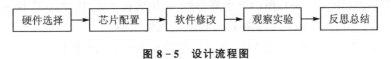

图 8 - 5　设计流程图

8.2 硬件设计

本设计由于使用天诚 ZigBee3.0 的开发套件 Creek‐ZB‐PK,因此项目设计只介绍红外传感器的硬件设计,如图 8‐6 所示。

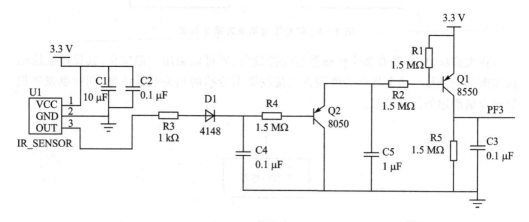

图 8‐6 光照传感器原理图

当传感器接收到的红外信号超过内部的触发阈值时,会产生一个计数脉冲,当再次接收到信号时,它会认为是接收到了第二个脉冲,一旦在 4 s 内接收到 2 个脉冲,传感器 REL 引脚就会输出高电平表示有信号。另外,只要接收到的信号幅值在触发阈值的 5 倍以上,那么只要一个脉冲就能触发 REL 输出高电平。如果连续收到触发信号,则 REL 高电平的维持时间从最后一次有效触发开始计时,延时 2.3 s 结束。

8.2.1 实物图

开发套件包含 ZigBee 底板两块、无线(ZigBee3.0)模块两块、红外探测器扩展板、可变色 LED 灯扩展板,如图 8‐7 所示。

8.2.2 设计系统

根据红外传感控制系统方案 2(见图 8‐3),本设计采用两套 ZigBee 套件(一块底板＋一块 ZigBee3.0 模块＋一块传感器模块,称为一套天诚百微智能 ZigBee 套件)分别作为协调器和终端设备。实物图如图 8‐7 所示,其中:

协调器,图中下半部套件:一块底板＋ZigBee3.0 模块＋可变色灯模块。

红外传感器(IR sensor),图中上半部套件:一块底板＋ZigBee3.0 模块＋红外传感模块。该套件为终端设备,用作上报红外探测情况的设备。

供电方案:为了体现低功耗特性,各套件均采用 2 节干电池供电。

图 8 - 7　ZigBee 底板实物图

8.3　软件设计

在软件设计中,主流程的软件设计思路:获取红外探测数据,判断是否监测到有人,若没有人则不操作,若有人则打开 LED。在 LED 打开的状态下,若有人则不操作,若检测到人离开,则延时后关闭 LED,其系统总流程图如图 8 - 8 所示。

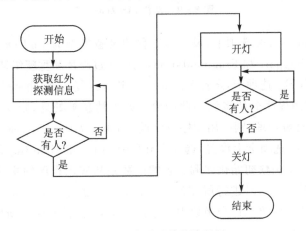

图 8 - 8　光照系统总流程图

8.3.1 相关配置应用

下面介绍配置过程,其中协调器功能应用的配置与第 5 章完全相同,请参照前面章节的介绍。本小节主要介绍红外传感器系统的相关参数配置,系统工程不同配置之处以图示说明,同时也阐述了相关程序的具体流程以及关键部分程序的参数。

1. 建立工程

① 创建一个名为 Infrared 的工程。

② 设置制造商为 Silicon Laboratories [0x1002]。

③ 在 ZCL clusters 选项设置工程适用的设备类型为 HA IAS Zone,然后修改 Profile Id 为 0x0104,Device Id 为 0x0402。

④ 在 Cluster name 中增加 Cluster 和 Attributes,并在 Security&Safety 选项中支持 AIS ZONE 设备,如图 8 - 9 所示。

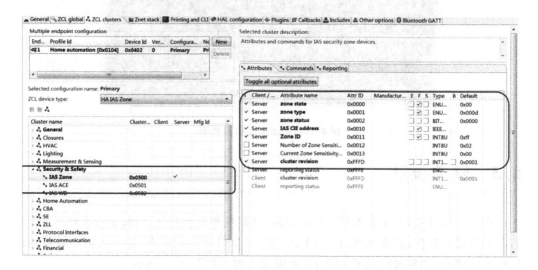

图 8 - 9 设置 IAS Zone

⑤ 切换到 Znet stack 选项卡,设置本工程的设备类型为 End Device(终端设备)。增加 End Device Support 和 Fragmentation,允许通过碎片和重新组装发送长数据包。

⑥ 打开 Callbacks 选项卡,选择 Report Attributes 复选项,当从外部设备接收到报表属性命令时,应用程序框架将调用此函数。如果消息被处理,则应用程序应该返回 true;如果消息没有被处理,则应用程序应该返回 false,如图 8 - 10 所示。

⑦ 在 Callbacks 选项卡上设置,选择 Hal Button Isr 和 Main Init 复选项,即支持按键中断回调函数和主函数初始化回调。它的函数是从应用程序的主函数调用的,使应用程序有机会在系统启动时进行所需的任何初始化。通常放在应用程序 main()例程顶部的任何代码都应该放在这个函数中。这是在集群、插件和网络初始化之前调用的,因此某些功能不能用。

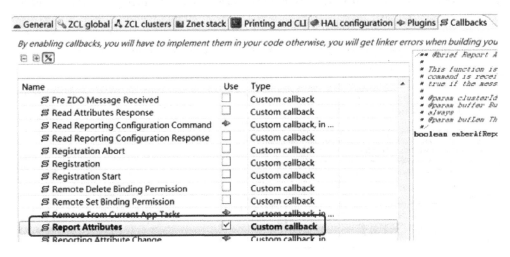

图 8 - 10 设置选择 Report Attribute 复选项

注意:应用程序框架中没有回调与资源清理关联。如果要在考虑资源清理的 Unix 主机上实现应用程序,我们希望用户使用标准的 Posix 系统调用,包括使用 atexit()和处理程序来处理信号,如 SIGTERM、SIGINT、SIGCHLD、SIGPIPE 等。如果使用 signal()函数注册信号处理程序,请注意返回的值可能是应用程序框架函数。如果返回值是非空的,请确保从处理程序调用返回的函数,以避免否定应用程序框架本身的资源清理。

同样在 Callbacks 选项卡上设置,选择 Stack Status 复选项。

应用程序框架从堆栈状态处理程序调用它的函数。此回调为应用程序提供了一个机会,以便在堆栈状态发生更改时得到通知并采取适当的操作。框架会忽略这个回调函数的返回代码。框架总是在回调返回后处理堆栈状态。

⑧ 打开 FindAndBindInitiatorComplete,NetworkSteeringComplete,Reporting-Configured 回调函数。

⑨ 保存之后,单击 Generate 进行代码编译。

2. Infrared 工程的芯片配置

① 打开芯片配置界面,依次设置晶振、使能 4 个 LED、使能 2 个按键,这里必须打开 SWD 模式,否则下载程序后,会锁死芯片,芯片就不支持 SWD 模式了。

② 复制 OLED 驱动和光照传感器驱动文件到:SiliconLabs\SimplicityStudio\v4\developer\sdks\gecko_sdk_suite\v2.4\app\builder\Illuminance 目录下。

③ 增加光照传感器驱动程序。

④ 增加 OLED 驱动程序。

⑤ 增加用于加入网络的事件和事件处理函数如图 8 - 11 所示。commissioning-EventControl 和 commissioningEventFunction,再增加用于定期读取传感器的事件和

事件处理函数：lluminanceMeasurementServerReadEventContro 和 lluminanceMeasurementServerReadEventFunction。

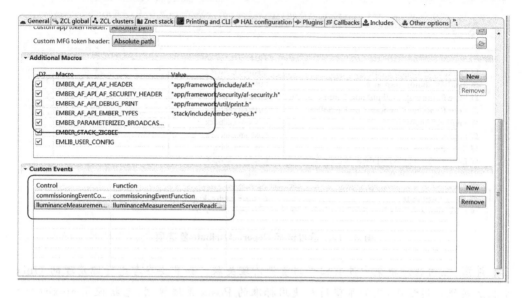

图 8 - 11　增加事件和事件处理函数

⑥ 保存后，单击 Generate，选择需要覆盖的文件，如图 8 - 12 所示。

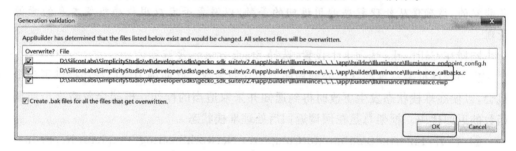

图 8 - 12　选择需要覆盖的文件

3. 用 IAR 打开工程并编译

在软件左侧找到 Infrared_callbacks. c 文件，格式文件指向 IAR 软件打开，可以直接双击该文件，IAR 会自动打开工程。打开工程后，单击上方快捷菜单栏的编译。

4. 下载程序到开发板

下载程序，配置结束后，软件自动生成代码。

8.3.2　实现关键功能函数

为了实现相应的功能，需要修改 Infrared. h、Infrared_callbacks. c 两个文件的内容，具体修改如下。

1. 修改 Infrared.h 文件

修改程序第 201 行宏定义的值,需要将 EMBER_AF_PLUGIN_IAS_ZONE_
SERVER_ZONE_TYPE 的值 0x0541 改为 0x000D。

2. 修改 Infrared_callbacks.c

打开 Iluminance_callbacks.c 后,需要逐步做如下修改:

(1) 新增头文件

```
# include "app/framework/include/af.h"
# include EMBER_AF_API_NETWORK_STEERING
# include "app\framework\plugin\ias - zone - server\ias - zone - server.h"
# include "stdio.h"
# include "oled.h"
```

(2) 新增变量

```
uint32_t  pressTimeCapture[BSP_BUTTON_COUNT];//用于按键按下计时,消除抖动
uint8_t InfraredStatus;
uint8_t InfraredTemp;
```

(3) Infrared_callbacks.c 需要增加或修改的相关函数

该程序中主要修改红外传感器状态值的上报过程,以及记录和修改相关的更新参
数值,同时读取相关值的过程实现函数功能,其修改的部分源程序如下:

1) PeriodicEventFunction:周期事件函数

```
/**周期事件函数简介
 * 按照设定的周期重复执行任务
 */

void PeriodicEventFunction(void)
{
  emberEventControlSetInactive(PeriodicEventControl);
  if(GPIO_PinInGet(gpioPortF, 3))
  {
    if(InfraredTemp == 0)
    {
      InfraredTemp = 1;
      InfraredStatus = 1;
      emberAfPluginIasZoneServerUpdateZoneStatus(1, (uint16_t)InfraredStatus, 0);
    }
    halSetLed(BOARDLED1);                               //点亮 LED2
  }
  else
  {
    if(InfraredTemp == 1)
    {
      InfraredTemp = 0;
      InfraredStatus = 0;
      emberAfPluginIasZoneServerUpdateZoneStatus(1, (uint16_t)InfraredStatus, 0);
    }
```

```
      halClearLed(BOARDLED1);                                    //熄灭 LED2
    }
    emberEventControlSetDelayMS(PeriodicEventControl, 500);  //500 ms
}
```

2) commissioningEventFunction：扫描加入网络函数

```
void commissioningEventFunction(void)
{
    emberEventControlSetInactive(commissioningEventControl);

    if (emberAfNetworkState() != EMBER_JOINED_NETWORK)          //没有加入网络
    {
        OLED_ShowString(0, 7, "NetworkSteering...   ", 12);      //显示 NetworkSteering...
        emberAfPluginNetworkSteeringStart();                     //开始扫描及加入网络
    }
}
```

3) emberAfHalButtonIsrCallback：按键处理回调函数

```
/**按键处理回调函数简介
 * 当按键按事件发生时处理中断请求任务
 * 按键按下处理相关事件
 * 按键释放处理相关事件
 * /
void emberAfHalButtonIsrCallback(int8u button, int8u state)
{
    if(button == BUTTON0)                                        //按键检测 KEY1
    {
        if(state == BUTTON_PRESSED)
        {pressTimeCapture[0] = halCommonGetInt32uMillisecondTick();
        }
        else if(state == BUTTON_RELEASED)                        //释放按键
        {
            if(halCommonGetInt32uMillisecondTick() - pressTimeCapture[0] > 3000)
            {
                if (emberAfNetworkState() == EMBER_JOINED_NETWORK)
                {
                    OLED_ShowString(0, 7, "LeaveNetwork...        ", 12); //显示 LeaveNetwork
                    if(emberLeaveNetwork() == EMBER_SUCCESS)     //退网成功
                    {emberClearBindingTable();                   //清除绑定列表
                        while(1);                                //等待看门狗复位
                    }
                }
            }
            else if(halCommonGetInt32uMillisecondTick() - pressTimeCapture[0] > 50)
            {
                emberEventControlSetActive(commissioningEventControl);
            }}}
    else if(button == BUTTON1)                                   //检测按键
    {
        if(state == BUTTON_PRESSED)
        {pressTimeCapture[1] = halCommonGetInt32uMillisecondTick(); }
```

```
        else if(state == BUTTON_RELEASED)                           //释放按键
        {
            if(halCommonGetInt32uMillisecondTick() - pressTimeCapture[1] > 50)
            {
                if (emberAfNetworkState() == EMBER_JOINED_NETWORK)
                {
                    if(emberAfPluginFindAndBindInitiatorStart(1) == EMBER_ZCL_STATUS_SUCCESS)
                    {OLED_ShowString(0, 7, "FindAndBind...        ", 12); //显示 FindAndBind
                    }}}}}}
```

4）emberAfMainInitCallback：主回调函数

```
void emberAfMainInitCallback(void)
{
    char msg[30];
    GPIO_PinModeSet(gpioPortF, 3, gpioModeInput, 0);      //Infrared 采集 I/O 口
    OLED_Init();                                          //OLED 初始化,包括 I/O 和驱动
    OLED_ShowString(0, 0, "   Infrared", 16);             //显示 Router
    EmberEUI64 myEui64;
    emberAfGetEui64(myEui64);
    sprintf(msg,
            "Node:%X%X%X%X%X%X%X%X",
            myEui64[7],
            myEui64[6],
            myEui64[5],
            myEui64[4],
            myEui64[3],
            myEui64[2],
            myEui64[1],
            myEui64[0]);
    OLED_ShowString(0, 2, (u8 *)msg, 12);                 //显示 myEui64 地址
}
```

5）emberAfStackStatusCallback：网络状态值更新函数

```
/**协议栈简介
 * 协议栈状态处理过程功能
 * 在协议栈应用框架中检测处于何种状态,并显示相关参数完成相应的控制
 * 回调函数也标识相关参数的改变
 * /
boolean emberAfStackStatusCallback(EmberStatus status)
{
    char msg[30];
    EmberNodeType nodeTypeResult = 0xFF;
    EmberNetworkParameters networkParams = { 0 };
    if (status == EMBER_NETWORK_UP)
    {
        emberAfGetNetworkParameters(&nodeTypeResult, &networkParams);
        sprintf(msg, "Channel:%d", networkParams.radioChannel);
        OLED_ShowString(0, 3, (u8 *)msg, 12);            //显示通道
        sprintf(msg, "PanId:0x%X", networkParams.panId);
        OLED_ShowString(0, 4, (u8 *)msg, 12);            //显示 PanID
        sprintf(msg, "NodeId:0x%04X", emberAfGetNodeId());
```

```
    OLED_ShowString(0, 5, (u8 * )msg, 12);                        //显示节点网络地址
    halSetLed(BOARDLED3);                                         //点亮 LED4
    emberEventControlSetDelayMS(PeriodicEventControl, 2000);      //2 s后开始采集传感器
  }
  return false;
}
```

6）emberAfPluginNetworkSteeringCompleteCallback：网络扫描及加入完成回调函数

```
/**功能完成简介
 * 回调函数主要完成网络扫描以及节点加入网络功能函数
 * 扫描节点，询问是否加入网络，接入成功后，标识相关的参数
 * 显示当前网络完成的状态
 * /
void emberAfPluginNetworkSteeringCompleteCallback(EmberStatus status,
                                                  uint8_t totalBeacons,
                                                  uint8_t joinAttempts,
                                                  uint8_t finalState)
{
  char msg[30];
  EmberNodeType nodeTypeResult = 0xFF;
  EmberNetworkParameters networkParams = { 0 };
  emberAfCorePrintln("Network Steering Completed: % p (0x% X)",
                 (status == EMBER_SUCCESS ? "Join Success" : "FAILED"),
                 status);
  emberAfCorePrintln("Finishing state: 0x% X", finalState);
  emberAfCorePrintln("Beacons heard: % d\nJoin Attempts: % d", totalBeacons, joinAt-
tempts);
  if (emberAfNetworkState() == EMBER_JOINED_NETWORK)
  {
    emberAfGetNetworkParameters(&nodeTypeResult, &networkParams);
    sprintf(msg, "Channel: % d", networkParams.radioChannel);
    OLED_ShowString(0, 3, (u8 * )msg, 12);                      //显示通道
    sprintf(msg, "PanId:0x% X", networkParams.panId);
    OLED_ShowString(0, 4, (u8 * )msg, 12);                      //显示 PanID
    sprintf(msg, "NodeId:0x% 04X", emberAfGetNodeId());
    OLED_ShowString(0, 5, (u8 * )msg, 12);                      //显示节点网络地址
    halSetLed(BOARDLED3);                                       //点亮 LED4
  }
  OLED_ShowString(0, 7, "                      ", 12);  //清除显示 NetworkSteering...
}
```

7）emberAfPluginReportingConfiguredCallback：report 函数，根据参数报告指定的属性

```
EmberAfStatus emberAfPluginReportingConfiguredCallback(const
                                 EmberAfPluginReportingEntry * entry)
{
  return EMBER_ZCL_STATUS_SUCCESS;
}
```

8.4　系统测试

本章所设计的系统的测试过程如下：

① 一个节点作为 Coord 上电后(液晶显示：Coord 和本机物理地址)，自动建立网络(液晶显示工作通道、PanID、本机网络地址)，可按下底板按键 KEY1 打开允许加入网络(液晶显示 PermitJoin 和允许入网 300 s 倒计时)，再次按下时，关闭允许加入网络。

② 另一个节点上电(液晶显示：Illuminance 和本机物理地址)，按下底板 KEY1 开始加入网络，液晶显示 NetworkSteering，入网成功后液晶显示工作通道、PanID、本机网络地址(Node Id)，本节点只能在协调器允许入网期间才能入网成功。

③ 节点入网成功后，可按下 Coord 开发板上的 KEY2，此时 Coord 允许被绑定，液晶显示 IdentifyTime 和 180 s 倒计时，此时 LED4 闪烁。允许被绑定倒计时完成后，LED4 停止闪烁。

④ 在 Coord 允许被绑定时间内，按下 Illuminance 开发板上的 KEY2，Illuminance 节点将绑定 Coord 节点 endpoint 1，cluster3\cluster0400，绑定成功则液晶显示 FindAndBind Success！绑定失败则显示 FindAndBind Failure！

⑤ 绑定成功后，Infrared 节点将定时上报传感器数据。

8.5　举一反三

小　结

本章通过人体红外传感器作为终端节点向协调器定时发送采集的电平状态，实现远程控制 LED 的状态。首先提出红外传感系统的方案设计，然后进行相关方案的讨论以及确定最终的设计方案。在实际的项目设计中采用的硬件为底板、无线传感模块、红外探测器模块构成基础设计的红外传感系统，其中无线传感模块作为协调器，另一个无线传感模块与红外探测传感器形成终端节点，在系统中终端节点自动监测并发送数据控制 LED 亮灭。

扩　展

在调试工程项目应用时，系统应输出一些关键信息，例如网络地址、监测到的红外端口状态值，请尝试将这些内容通过串口监视器输出。

习　题

1．红外传感器系统还可以采用哪些方案？

2．将 LED 的亮灭改为呼吸效果，缓慢点亮，缓慢熄灭。

3．可否进行多节点的红外探测传感器的数据采集？ 如果可以，如何进行方案设计？ 工程项目参数如何修改？

4．如果终端节点与协调器节点的传输距离过远，那么如何改进设计项目，完成红外数据采集？

第 **9** 章

光照传感器设计

本章通过光照传感器的项目设计,使读者进一步掌握芯科 EFR32MG1B132F256GM48 芯片,能够进行 ZigBee3.0 项目开发、图形化配置,熟悉软件的设计流程与技巧。

【教学目的】

➢ 了解光照传感器的原理。

➢ 完成光照传感模块的软硬件开发。

9.1 概 述

9.1.1 光照传感器

在实际生活中,智能手机、液晶电视、笔记本电脑、便携式游戏机、数码相机和数码摄像机等诸多数码设备都带有液晶显示器,提供给用户更多的信息与功能。当液晶显示器的亮度与环境光亮度落差过大时,使用者不仅无法正常从显示器中获取信息,而且会对使用者的眼睛造成极大伤害,因此,现在很多液晶显示器都具有亮度调节甚至是自动亮度调节的功能,而自动亮度调节功能就是通过光照传感器去感知光线的强弱,使控制设备自动调整液晶的亮度来让使用者的眼睛更加舒适。

在项目设计应用中,光照度传感器对弱光环境有较高灵敏度,具有测量范围宽、线性度好、防水性能好、使用方便、便于安装、传输距离远等特点,适用于各种场所,尤其适用于智能照明、城市智慧照明等相关系统。本设计采用开发套件搭建了一套简易的光照传感器控制系统,通过光照传感器获取的光环境数据,对灯的亮度进行控制。

9.1.2 系统框图及流程图

光照传感器是用于检测光照强度的传感器,简称照度传感器。照度,单位为勒克斯,表示被照射主体表面单位面积上接收到的光通量,一般用于发光体的照度检测或检测光环境强弱变化的相关系统设计。光照传感控制系统的框图如图 9-1 所示。

光照控制系统主要由三部分构成:照度传感器、协调器和终端。照度传感器进行光照的强弱检测,并把光照数据信息以无线的方式传给协调器,同时根据协调器传输的控制信息,改变灯的亮度;协调器接收照度传感器的数据信息,并转发给终端控制器,也将终端的控制信息发送给照度传感器;终端设备处理协调器发送的相关光照数据信息,

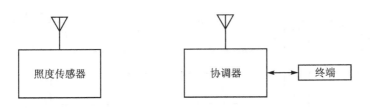

图 9-1　光照控制系统框图

并发出相应的控制操作命令。在实际的应用设计中,终端设备的形式多样,既可以是有线连接的控制终端,也可以是无线连接的控制终端,即用户的相关智能控制设备终端。

　　光照系统设计流程如图 9-2 所示。其中,硬件选择主要是进行无线处理器芯片、传感器以及外围接口电路的选择;芯片配置是完成功能应用的配置设计;软件修改是对功能进行逐步完善的修改;配置到具体硬件设备,并通过实验观察设计结果;总结设计过程、操作配置方式与流程。

图 9-2　设计流程图

9.2　硬件设计

　　本设计由于使用天诚 ZigBee3.0 的开发套件 Creek-ZB-PK,因此项目设计只介绍光照传感器的硬件设计。光照度传感器采用的是 BH1750FVI,该传感器采用 IIC 通信协议。

　　IIC 总线是飞利浦公司开发的两线式串行总线,用于连接微控制器及其外围设备。IIC 串行总线一般有两根信号线:一根是双向的数据线 SDA,另一根是时钟线 SCL。所有接到 IIC 总线设备上的串行数据 SDA 都接到总线的 SDA 上,各设备的时钟线 SCL 接到总线的 SCL 上。

　　主机(主控器)是在 IIC 总线中,提供时钟信号,对总线时序进行控制的器件。从机(被控器)是在 IIC 总线中,除主机外的其他设备。每一个 IIC 器件都有自己的地址,以供自身在从机模式下使用。

　　总线必须由处理器(通常为微控制器)控制,微处理器产生串行时钟(SCL)控制总线的传输方向,并产生起始和停止条件。SDA 线上的数据状态仅在 SCL 为低电平期间才能改变;SCL 为高电平期间,SDA 状态的改变用来表示起始和停止条件,如图 9-3 所示。

　　因此,根据 IIC 原理,光照控制系统的光照传感器 BH1750FVI 与芯科微处理器连接原理图如图 9-4 所示。

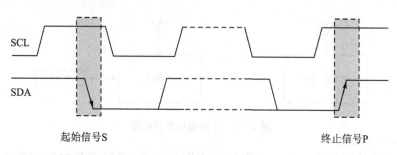

图 9 - 3　IIC 总线起始和停止时序图

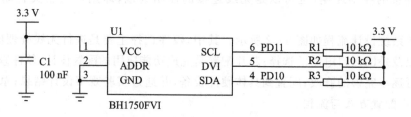

图 9 - 4　光照传感器原理图

　　基于 Creek - ZB - PK 的光照系统在设计中采用的硬件有:两个微处理器底板＋两个无线模块＋光照度传感器扩展板。其中,一块微处理器底板＋无线传感模块作为协调器,另一块微处理器底板＋无线传感模块＋光照度传感器扩展板作为控制对象,将控制对象的光照信息传输给协调器,通过串口终端,进行可视化的控制应用。

　　在系统设计之前,将光照度传感器扩展板配置到 Illuminance 的底板上。

9.2.1　实物图

　　开发套件包含 ZigBee 底板、无线(ZigBee3.0)模块、光照度传感器扩展板。

1. ZigBee 底板

ZigBee 底板实物图如图 9-5 所示。

2. 无线(ZigBee3.0)模块图

ZigBee3.0 模块实物图如图 9-6 所示。

3. 光照度传感器扩展板

光照度传感器扩展板实物图如图 9-7 所示。

9.2.2　设计方案

　　根据如图 9-1 所示的光照传感控制系统结构图,本设计采用 2 套 ZigBee 套件(一块底板＋一块 ZigBee3.0 模块＋ 一块传感器模块,称为一套天诚百微智能 ZigBee 套件)分别作为协调器和终端设备;控制应用终端是通过协调器串口实现可视化控制。光照度传感器系统实物图如图 9-8 所示,其中:

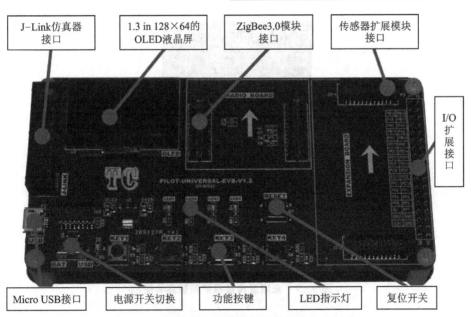

| J-Link仿真器接口 | 1.3 in 128×64的OLED液晶屏 | ZigBee3.0模块接口 | 传感器扩展模块接口 |

I/O扩展接口

| Micro USB接口 | 电源开关切换 | 功能按键 | LED指示灯 | 复位开关 |

图 9 - 5　ZigBee 底板实物图

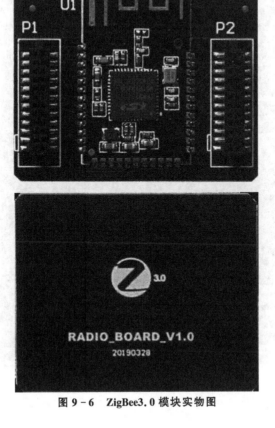

图 9 - 6　ZigBee3.0 模块实物图

图 9-7　光照度传感器扩展板实物图

图 9-8　光照度传感器系统实物图

协调器为图中上半部套件:一块底板＋ZigBee3.0模块。

光照度传感器(HA light sensor)为图中下半部套件:一块底板＋ZigBee3.0模块＋光照度传感模块。该套件为终端设备,用作上报光照度值的设备。

供电方案:为了体现低功耗特性,各套件均采用2节干电池供电。

9.3 软件设计

在软件设计中,主流程的软件设计思路是:获取光照数据信息,判断光照数据是否符合应用要求,如果不符合相关应用要求,则进行修改;若检测到光环境亮度过大,则降低灯亮度;若光线太暗,则调高灯亮度。其系统总流程图如图9-9所示。

光传感器处理模块软件设计思路是:获取当前光传感器的数据信息,判断是否改变当前灯的亮暗,并将光照信息传输给协调器。其光传感器数据处理流程图如图9-10所示。

协调器软件设计思路是:分析处理光模块发送的数据信息,并将串口的控制信息传输给光模块。其协调器的数据处理流程如图9-11所示。

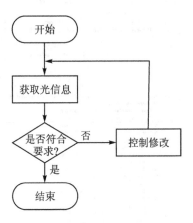

图9-9 光照度系统总流程图

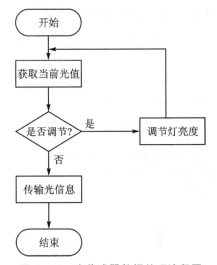

图9-10 光传感器数据处理流程图

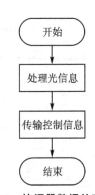

图9-11 协调器数据处理流程图

9.3.1 配置过程

下面介绍配置过程,其中协调器工程的配置与第5章完全相同,这里主要说明光照传感器的配置,不同之处的配置会给出图示说明。

1．建立工程

① 创建一个名为 Illuminance 的工程。

② 设置制造商为 Silicon Laboratories [0x1002]。

缺损响应政策为 NEVER(从不)。

选择设备为 HAL Light Sensor，如图 9－12 所示。

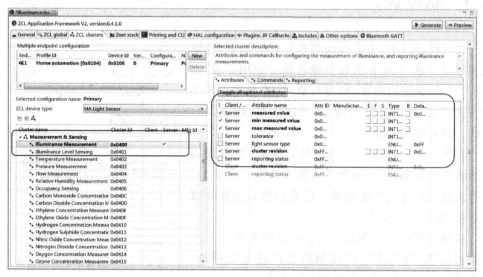

图 9－12　光照度传感器设置选项

③ 设置初始 Reporting 参数：最短时间为 2 s，最大时间为 10 s，变化值为 20，如图 9－13 所示。其他设置如使能 boost power mode 如图 9－14 所示，使用 full 命令模式如图 9－15 所示。

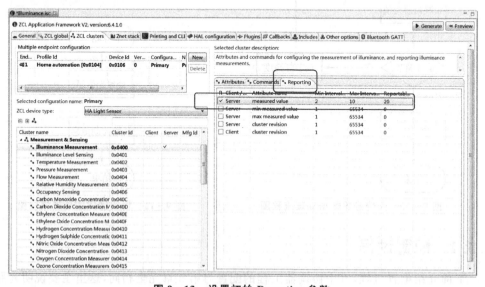

图 9－13　设置初始 Reporting 参数

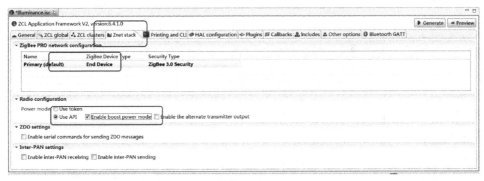

图 9 - 14 使能 boost power mode

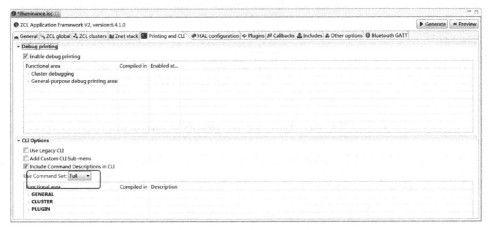

图 9 - 15 使用 full 命令模式

④ 设置 Bootloader 为 Standalone(独立的),如图 9 - 16 所示。选中 Basic Server Cluster\Identify Cluster\Reporting,如图 9 - 17 所示。

图 9 - 16 使用 Bootloader Standalone(独立的)模式

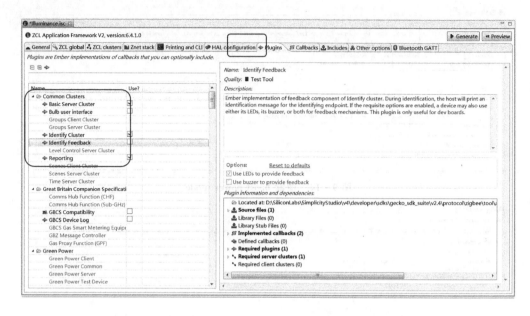

图 9-17　选中 Basic Server Cluster\Identify Cluster\Reporting

⑤ 把系统串口关联到 USART0，如图 9-18 所示。支持测试 API 和取消 Install Code Library，如图 9-19 所示。

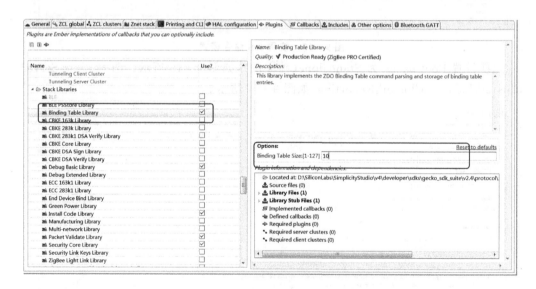

图 9-18　增加绑定列表

⑥ 取消 Heartbeat 复选项，如图 9-20 所示。支持 Find and bind initiator，绑定发起者，如图 9-21 所示。支持按键中断回调和 main 初始化回调，如图 9-22 所示。它的函数是从应用程序的主函数调用的。它使应用程序有机会在系统启动时进行

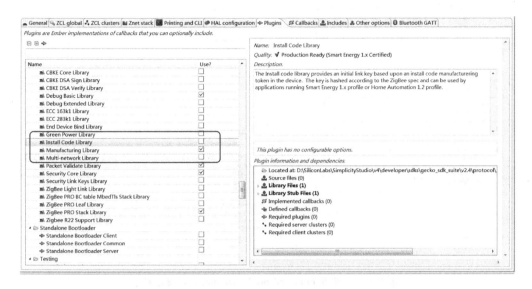

图 9-19　支持测试 API 和取消 Install Code Library

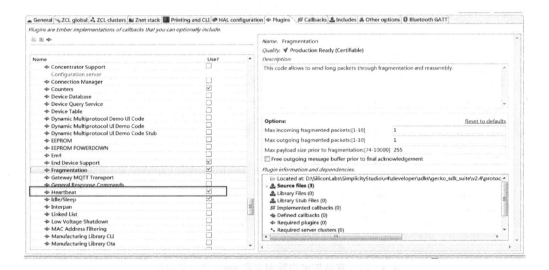

图 9-20　允许通过碎片和重新组装发送长数据包

所需的任何初始化。通常放在应用程序 main() 例程顶部的任何代码都应该放在这个函数中。这是在集群、插件和网络初始化之前调用的，因此某些功能还不可用。打开协调栈状态改变回调函数，如图 9-23 所示。

⑦ 打开 FindAndBindInitiatorComplete，NetworkSteeringComplete，Reporting-Configured 回调函数，如图 9-24 所示。

⑧ 保存之后，单击 Generate 进行代码编译。

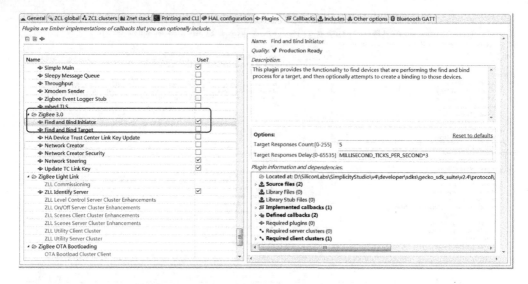

图 9 - 21   支持 Find and bind initiator，绑定发起者

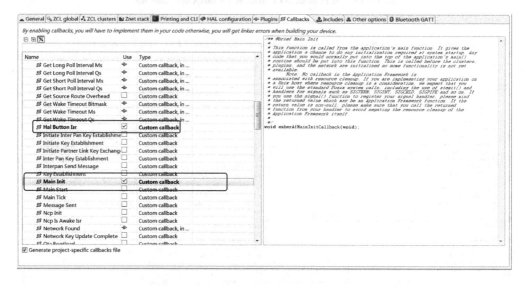

图 9 - 22   支持按键中断回调和 main 初始化回调

2. Illuminance 工程的芯片配置

① 打开芯片配置界面，依次设置晶振、使能 4 个 LED、使能 2 个按键，这里必须要打开 SWD 模式，否则下载程序之后，会锁死芯片，使芯片不支持 SWD 模式。

② 复制 OLED 驱动和光照传感器驱动文件到：SiliconLabs\SimplicityStudio\v4\developer\sdks\gecko_sdk_suite\v2.4\app\builder\Illuminance 目录下。

③ 增加光照传感器驱动程序。

④ 增加 OLED 驱动程序。

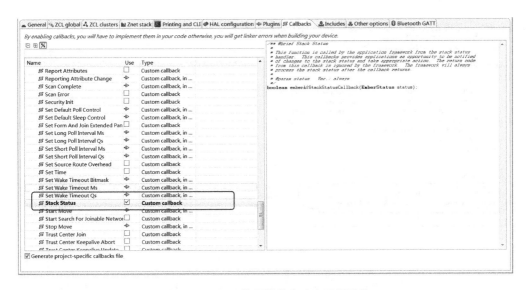

图 9 - 23　打开协调栈状态改变回调函数

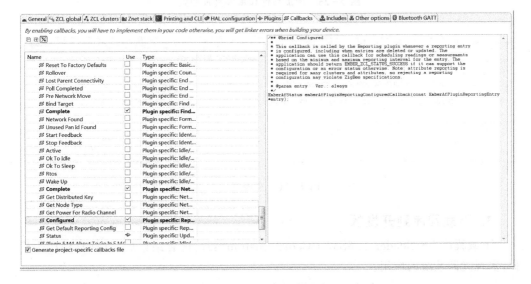

图 9 - 24　打开回调函数

⑤ 增加用于加入网络的事件和事件处理函数,如图 9 - 25 所示的 commissioning-EventControl 和 commissioningEventFunction。

再增加用于定期读取传感器的事件和事件处理函数:

lluminanceMeasurementServerReadEventControl

lluminanceMeasurementServerReadEventFunction

⑥ 保存后单击 Generate,选择需要覆盖的文件,如图 9 - 26 所示。

⑦ 使用 IAR 打开工程然后编译,编译通过后打开 Illuminance_callbacks.c 文件修改代码。

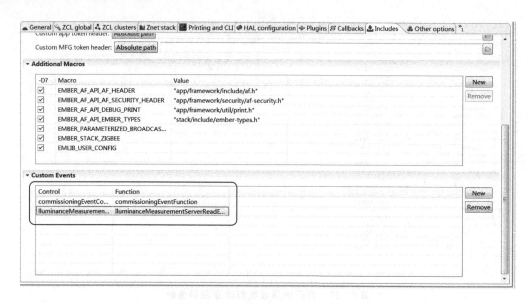

图 9 – 25　增加事件和事件处理函数

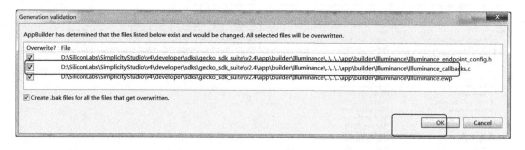

图 9 – 26　选择替代

3. 下载程序到开发板

下载程序 bootloader…6S37＋Coord_custom.s37；配置结束后，软件自动产生代码，实现光照系统的应用。

9.3.2　关键实现函数介绍

为了实现相应的组网功能，需要修改 Coord_custom_callbacks.c、Illuminance_callbacks.c 两个文件的内容，具体修改如下。

1. 修改 Coord_custom_callbacks.c 文件

Coord_custom_callbacks.c 的修改与第 5 章相同，此处省略。

2. 修改 Illuminance_callbacks.c

打开 Illuminance_callbacks.c 后，需要逐步做如下修改：

(1) 新增头文件

```
#include "app/framework/include/af.h"
#include EMBER_AF_API_NETWORK_STEERING
#include "app/framework/plugin/find - and - bind - initiator/find - and - bind - initia-
tor.h"
#include "stdio.h"
#include "oled.h"
#include "BH1750.h"
```

(2) 新增变量

```
uint32_t   pressTimeCapture[BSP_BUTTON_COUNT];//用于按键按下计时,消除抖动
```

(3) 增加光照度对数表

```
#ifdef   ILLUMINANCE_STANDARD
#define LOG_TABLE_SIZE 90
//光照值对照表
static const uint16_t logTable[LOG_TABLE_SIZE] =
{
  0, 414, 792, 1139, 1461, 1761, 2041, 2304, 2553, 2788, 3010, 3222, 3424,
  3617, 3802, 3979, 4150, 4314, 4472, 4624, 4771, 4914, 5051, 5185, 5315, 5441,
  5563, 5682, 5798, 5911, 6021, 6128, 6232, 6335, 6435, 6532, 6628, 6721, 6812,
  6902, 6990, 7076, 7160, 7243, 7324, 7404, 7482, 7559, 7634, 7709, 7782, 7853,
  7924, 7993, 8062, 8129, 8195, 8261, 8325, 8388, 8451, 8513, 8573, 8633, 8692,
  8751, 8808, 8865, 8921, 8976, 9031, 9085, 9138, 9191, 9243, 9294, 9345, 9395,
  9445, 9494, 9542, 9590, 9638, 9685, 9731, 9777, 9823, 9868, 9912, 9956
};
#endif
```

(4) Illuminance_callbacks.c 需要增加或修改的几个函数

1) writeIlluminanceAttributes:光照度值上报写函数

```
//***************************************************************
// 将照度测量簇的照度属性更新为 HAL 层给定的照度值。函数还将查询当前的最大和最小值,
// 并更新以前记录的给定的较大(或较小)的值
//***************************************************************
void writeIlluminanceAttributes(uint16_t illuminanceLogLx)
{
  uint16_t illumLimitLogLx;
  uint8_t i;
  uint8_t endpoint;

  for (i = 0; i < emberAfEndpointCount(); i++)
  {
    endpoint = emberAfEndpointFromIndex(i);
    if (emberAfContainsServer(endpoint, ZCL_ILLUM_MEASUREMENT_CLUSTER_ID)) {
      emberAfIllumMeasurementClusterPrintln(
        "Illuminance Measurement(LogLux):%d",
        illuminanceLogLx);
      //写入当前照度值
      emberAfWriteServerAttribute(endpoint,
                                  ZCL_ILLUM_MEASUREMENT_CLUSTER_ID,
```

```
                                ZCL_ILLUM_MEASURED_VALUE_ATTRIBUTE_ID,
                                (uint8_t *) &illuminanceLogLx,
                                ZCL_INT16U_ATTRIBUTE_TYPE);

    //确定这是否是新的最小测量照度,如果是,并更新 ILLUM_MIN_measured 属性
    emberAfReadServerAttribute(endpoint,
                                ZCL_ILLUM_MEASUREMENT_CLUSTER_ID,
                                ZCL_ILLUM_MIN_MEASURED_VALUE_ATTRIBUTE_ID,
                                (uint8_t *) (&illumLimitLogLx),
                                sizeof(uint16_t));
    if (illumLimitLogLx > illuminanceLogLx) {
      emberAfWriteServerAttribute(endpoint,
                                ZCL_ILLUM_MEASUREMENT_CLUSTER_ID,
                                ZCL_ILLUM_MIN_MEASURED_VALUE_ATTRIBUTE_ID,
                                (uint8_t *) &illuminanceLogLx,
                                ZCL_INT16U_ATTRIBUTE_TYPE);
    }

    //确定这是否是新的最大测量照度,如果是,并更新 ILLUM_MAX_measured 属性
    emberAfReadServerAttribute(endpoint,
                                ZCL_ILLUM_MEASUREMENT_CLUSTER_ID,
                                ZCL_ILLUM_MAX_MEASURED_VALUE_ATTRIBUTE_ID,
                                (uint8_t *)(&illumLimitLogLx),
                                sizeof(uint16_t));
    if (illumLimitLogLx < illuminanceLogLx) {
      emberAfWriteServerAttribute(endpoint,
                                ZCL_ILLUM_MEASUREMENT_CLUSTER_ID,
                                ZCL_ILLUM_MAX_MEASURED_VALUE_ATTRIBUTE_ID,
                                (uint8_t *) &illuminanceLogLx,
                                ZCL_INT16U_ATTRIBUTE_TYPE);
    }
  }
 }
}
```

2) lluminanceMeasurementServerReadEventFunction:读取光照度值的函数

```
void lluminanceMeasurementServerReadEventFunction(void)
{
  char msg[30];
  uint16_t ch;
#ifdef ILLUMINANCE_STANDARD
  uint16_t logLux, rawData, logTableScale, residue;
  uint32_t lux, combinedData, compareStep, adder, divisor;
#endif
  emberEventControlSetInactive(lluminanceMeasurementServerReadEventControl);

  BH1750_test();

  ch = (uint16_t)result_lx;;

  sprintf(msg, "Illuminance:%5d lux ", ch);
```

```
OLED_ShowString(0, 6, (u8 *)msg, 12);    //显示传感器值

#ifdef   ILLUMINANCE_STANDARD                   //标准数据需要转换
  lux = (uint16_t)result_lx;

  logLux = 0;

  if (lux != 0)
  {
    //文中的对数表是1～10的百分表,刻度是整数勒克斯值的10倍
    logTableScale = lux * 10;
    adder = 0;
    divisor = 1;

    compareStep = 10;
    while (lux > compareStep) {
      //根据 log10,每一步都是 10 倍
      compareStep = compareStep * 10;
      adder = adder + 10000;
      divisor = divisor * 10;
    }

    //文中的对数表实际上是从 1.0 开始的,而不是从 0.0 开始的,所以索引需要偏移 10
    logLux = adder + logTable[logTableScale / divisor - 10];

    //查找前面给定的值,在日志表中为我们提供了一个基本值,对两个表项之间的任何值
    //使用线性插值
    residue = lux % divisor;
    residue = (logTable[(logTableScale / divisor - 10) + 1]
              - logTable[logTableScale / divisor - 10])
      * residue
        / divisor;
    logLux = residue + logLux;
  }
  writeIlluminanceAttributes(logLux);
#else//非标准数据,直接是 LUX 值
  writeIlluminanceAttributes((uint16_t)result_lx);
#endif
  emberEventControlSetDelayMS(lluminanceMeasurementServerReadEventControl, 2000);
                                                    //每 2 s 采集一次传感器
}
```

3) commissioningEventFunction:网络创建调试函数

```
void commissioningEventFunction(void)
{
  emberEventControlSetInactive(commissioningEventControl);
  if (emberAfNetworkState() != EMBER_JOINED_NETWORK)    //没有加入网络
  {
    OLED_ShowString(0, 7, "NetworkSteering...    ", 12); //显示 NetworkSteering...
    emberAfPluginNetworkSteeringStart();                 //开始扫描及加入网络
```

```
    }
  }
```

4) emberAfHalButtonIsrCallback：按键处理回调函数

```
/**Hal Button 简介
 * 每当按下设备上的按钮时,框架就会调用此回调。此回调在 ISR 上下文中调用。
 * 按钮的键值:在相应的 BOARD_HEADER 中定义为 BUTTON0 或 BUTTON1。
 * 按键的状态值:按钮参数引用的按钮的新状态,如果按钮已按下,则为 BUTTON_PRESSED;
 * 如果按钮已释放,则为 BUTTON_RELEASED
 * /
void emberAfHalButtonIsrCallback(int8u button,
                                 int8u state)
{
  if(button == BUTTON0)                                      //KEY1
  {
    if(state == BUTTON_PRESSED)
    {
      pressTimeCapture[0] = halCommonGetInt32uMillisecondTick();
    }
    else if(state == BUTTON_RELEASED)                        //释放按键
    {
      if(halCommonGetInt32uMillisecondTick() - pressTimeCapture[0] > 3000)
      {
        if (emberAfNetworkState() == EMBER_JOINED_NETWORK)
        {
          OLED_ShowString(0, 7, "LeaveNetwork...        ", 12);//显示 LeaveNetwork
          if(emberLeaveNetwork() == EMBER_SUCCESS)           //退网成功
          {
            emberClearBindingTable();                        //清除绑定列表
            while(1);                                        //等待看门狗复位
          }
        }
      }
      else if(halCommonGetInt32uMillisecondTick() - pressTimeCapture[0] > 50)
      {
        emberEventControlSetActive(commissioningEventControl);
      }
    }
  }
  else if(button == BUTTON1)                                 //KEY2
  {
    if(state == BUTTON_PRESSED)
    {
      pressTimeCapture[1] = halCommonGetInt32uMillisecondTick();
    }
    else if(state == BUTTON_RELEASED)                        //释放按键
    {
      if(halCommonGetInt32uMillisecondTick() - pressTimeCapture[1] > 50)
      {
        if (emberAfNetworkState() == EMBER_JOINED_NETWORK)
        {
```

```
                    if(emberAfPluginFindAndBindInitiatorStart(1) == EMBER_ZCL_STATUS_SUCCESS)
                    {
                        OLED_ShowString(0, 7, "FindAndBind...        ", 12); //显示 FindAndBind
                    }
                }
            }
        }
    }
}
```

5) emberAfMainInitCallback：主回调函数

```
void emberAfMainInitCallback(void)
{
    char msg[30];

    OLED_Init();                                        //OLED 初始化,包括 I/O 和驱动
    OLED_ShowString(0, 0, "  Illuminance ", 16);        //显示 Router
    EmberEUI64 myEui64;
    emberAfGetEui64(myEui64);
    sprintf(msg,
            "Node: % X % X % X % X % X % X % X % X",
            myEui64[7],
            myEui64[6],
            myEui64[5],
            myEui64[4],
            myEui64[3],
            myEui64[2],
            myEui64[1],
            myEui64[0]);
    OLED_ShowString(0, 2, (u8 * )msg, 12);              //显示 myEui64 地址
    IIC_1750_Init();                                    //光照传感器初始化
}
```

6) emberAfStackStatusCallback：网络状态值更新函数

```
/** 堆栈状态简介
 * 此函数由应用框架从堆栈状态处理程序中调用处理。此回调为应用程序提供了一个机会,
 * 可以通知其堆栈状态的更改并采取适当的操作。框架忽略回调的返回代码。回调返回后,
 * 框架将始终处理堆栈状态
 * /
boolean emberAfStackStatusCallback(EmberStatus status)
{
    char msg[30];
    EmberNodeType nodeTypeResult = 0xFF;
    EmberNetworkParameters networkParams = { 0 };
    if (status == EMBER_NETWORK_UP)
    {
        emberAfGetNetworkParameters(&nodeTypeResult, &networkParams);
        sprintf(msg, "Channel: % d", networkParams.radioChannel);
        OLED_ShowString(0, 3, (u8 * )msg, 12);              //显示通道
        sprintf(msg, "PanId:0x% X", networkParams.panId);
        OLED_ShowString(0, 4, (u8 * )msg, 12);              //显示 PanID
```

```
        sprintf(msg, "NodeId:0x%04X", emberAfGetNodeId());

        OLED_ShowString(0, 5, (u8 *)msg, 12);              //显示节点网络地址
        halSetLed(BOARDLED3);                              //点亮 LED4
      emberEventControlSetDelayMS(lluminanceMeasurementServerReadEventControl, 200);
                                                           //200 ms 后开始采集传感器
    }
    return false;
}
```

7) emberAfPluginNetworkSteeringCompleteCallback：网络扫描及加入完成回调
函数

```
/** 网络配置成功简介
 * 当 Network Steering 插件完成时,会触发此回调。状态一旦成功,它将被设置为 EMBER_
 * success 以指示网络已成功加入。故障时,这将是状态代码最后一次加入或扫描尝试。
 * 总信标,检测到 802.15.4 的信标,也包括来自具有相同 PanID 的不同设备的信标。
 * 尝试加入。尝试加入的次数开放式 ZigBee 网络。
 * 最终状态。网络引导过程的结束状态。在哪个通道掩码上以及使用哪个键完成了该过程
 * 判断该过程是否完成
 * /
void emberAfPluginNetworkSteeringCompleteCallback(EmberStatus status,
                                                  uint8_t totalBeacons,
                                                  uint8_t joinAttempts,
                                                  uint8_t finalState)
{
  char msg[30];
  EmberNodeType nodeTypeResult = 0xFF;
  EmberNetworkParameters networkParams = { 0 };
  emberAfCorePrintln("Network Steering Completed: %p (0x%X)",
                     (status == EMBER_SUCCESS ? "Join Success" : "FAILED"),
                     status);
  emberAfCorePrintln("Finishing state: 0x%X", finalState);
  emberAfCorePrintln("Beacons heard: %d\nJoin Attempts: %d", totalBeacons, joinAttempts);
  if (emberAfNetworkState() == EMBER_JOINED_NETWORK)
  {
    emberAfGetNetworkParameters(&nodeTypeResult, &networkParams);

    sprintf(msg, "Channel:%d", networkParams.radioChannel);

    OLED_ShowString(0, 3, (u8 *)msg, 12);              //显示通道

    sprintf(msg, "PanId:0x%X", networkParams.panId);

    OLED_ShowString(0, 4, (u8 *)msg, 12);              //显示 PanID

    sprintf(msg, "NodeId:0x%04X", emberAfGetNodeId());

    OLED_ShowString(0, 5, (u8 *)msg, 12);              //显示节点网络地址

    halSetLed(BOARDLED3);                              //点亮 LED4
```

```
        emberEventControlSetDelayMS(lluminanceMeasurementServerReadEventControl,200);
                                                //200 ms 后开始采集传感器
    }
    OLED_ShowString(0,7,"                ",12);        //清除显示 NetworkSteering...
}
```

9.4　实验调试

9.4.1　实验调试步骤

实验调试的步骤如下：

① 一个节点作为 Coord 上电后（液晶显示：Coord 和本机物理地址），自动建立网络（液晶显示工作通道、PanID、本机网络地址），可用底板按键 KEY1 打开允许加入网络（液晶显示：PermitJoin... 和允许入网 300 s 倒计时），再次按下时，关闭允许加入网络。

② 另一个节点上电（液晶显示：Illuminance 和本机物理地址），按下底板按键 KEY1 开始加入网络，液晶显示 NetworkSteering...，入网成功后液晶显示工作通道、PanID、本机网络地址（Node Id）。本节点只能在协调器允许入网期间才能入网成功。

③ 节点入网成功后，可按 Coord 开发板上的 KEY2，此时 Coord 允许被绑定，液晶显示 IdentifyTime... 和 180 s 倒计时，此时 LED4 闪烁。允许被绑定倒计时完成后，LED4 停止闪烁。

④ 在 Coord 允许被绑定时间内，按下 Illuminance 开发板上的 KEY2，Illuminance 节点将绑定 Coord 节点 endpoint 1，cluster3\cluster0400，绑定成功，液晶显示 FindAndBind Success! 绑定失败，液晶显示 FindAndBind Failure!

⑤ 绑定成功后，Illuminance 节点将定时上报传感器数据，可通过串口助手接收数据。

9.4.2　实验现象

串口助手接收数据如图 9-27 所示。此时上传的数据为 LUX 数据，如果需要 ZIGBEE3.0 标准数据，请在 Illuminance_callbacks.c 里面把

```
// # define ILLUMINANCE_STANDARD 1
```

改为：

```
# define ILLUMINANCE_STANDARD 1
```

重烧程序后上传的数据则为标准数据。

定时上报的默认时间和变化值为：最短 2 s，最长 10 s，变化值超过 20 时，每 2 s 上报一次；小于 20 时，每 10 s 上报一次。可以通过配置下面的参数修改上报时间和变化值，如图 9-28 所示。

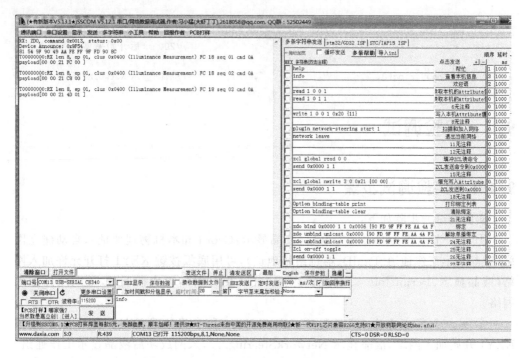

图 9 - 27 串口助手接收数据

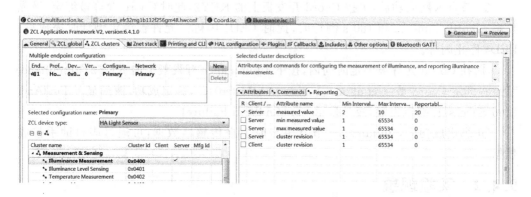

图 9 - 28 通过配置修改上报时间和变化值

或直接修改程序，如图 9 - 29 所示。

另外，还可通过 CLI 命令对上传间隔和变化值进行设定。

通过发送命令：

zcl global send-me-a-report 0x0400 0 0x21 2 50 {64 00}和 send 0xFC5F 1 1

具体参数需要根据自己的实际需求修改。

这个命令是设置网络地址为 0xFC5F 的节点的 Cluster：0x0400（Illuminance Measurement）里的 Attributer：0 的 Report 最短时间间隔为 2 s，最长间隔为 50 s，变化值为 100。

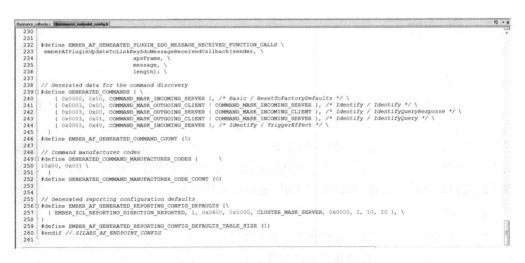

图 9-29　直接通过代码修改上报时间和变化值

命令可参考 CLI 使用说明书。

如何知道节点的网络地址,节点上电时会发送自己的广播数据(本节点的网络地址和物理地理),Coord 接收到广播数据后会从串口输出,如图 9-30 所示。

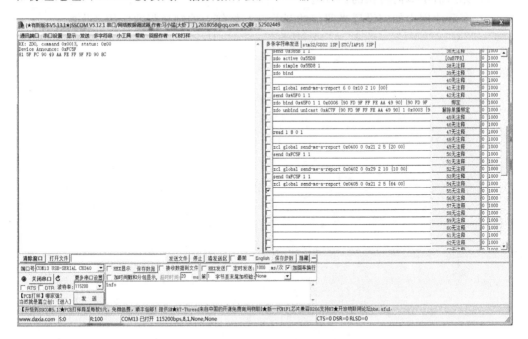

图 9-30　通过串口发送广播节点

由图 9-30 可以看出,发送广播的节点 Node ID 为 0xFC5F,物理地址为 90 49 AA FE FF 9F FD 90。

9.5 举一反三

小 结

本节通过光照传感器作为 Sleep End Device 向协调器定时发送采集的光照值,达到可视化调试光照传感器的目的。为了便于实验和观察,本设计中采用的硬件是两个底板＋两个无线传感模块＋光照度传感器扩展板。其中,一个底板＋一个无线传感模块作为协调器,另一个底板＋一个无线传感模块＋光照度传感器扩展板作为终端,让终端发送光照信息给协调器,通过串口工具,进行可视化调试。

扩 展

实际使用时,整个系统应该根据光照传感器的值去控制和执行一定的动作,比如,自动调节显示屏的亮度、自动开关室内灯光、自动开关窗帘以及自动执行一定的动作。有兴趣的同学可以自己试着扩展调试和学习。

习 题

1. 光照传感器有哪些特殊的配置?
2. 光照值是如何转换的?
3. 实际使用中如何设置光照值的开关量? 如何去控制执行响应的动作?

第 **10** 章

智能家居应用

本章介绍天诚百微公司的智能家居产品,讲解智能家居网关和控制等关键技术,使读者了解如何在实际场合应用物联网智能家居。

【教学目的】

➤ 掌握实际环境或场合安装使用物联网智能家居产品。

➤ 了解 ZigBee 网关和控制等关键技术。

10.1 概 述

物联网智能家居产品众多繁杂,如何在实际环境或场合安装使用,尤为重要。

本章在前面章节有关智能家居整体设计和安装,以及智能插座、智能灯、温湿度、人体感应、光照传感器等产品设计的基础上,介绍了一套完整的商用产品:天诚百微电子有限公司智能家居全套解决方案,并介绍了将各个产品联系组合起来使用的关键产品网关技术。

10.2 天诚百微智能家居全套解决方案

天诚百微公司提供的智能家居全套解决方案,如图 10－1 所示。物联网智能家居产品包括:

① 智能灯光控制系统;

② 安防监控系统;

③ 防卫报警系统;

④ 家庭背景音乐系统;

⑤ 家庭影音系统;

⑥ 对讲系统;

⑦ 门禁系统;

⑧ 投影机和投影幕;

⑨ 远程控制系统;

⑩ 智能灯光系统;

⑪ 空调系统;

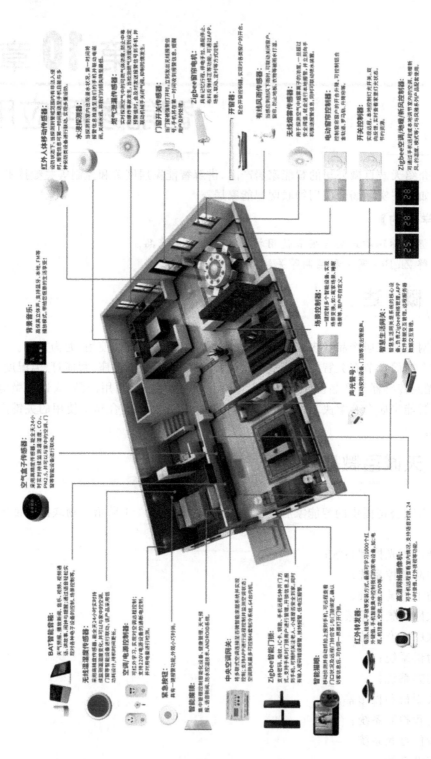

图10-1 天诚百微公司提供智能家居全套解决方案

⑫ 背景音乐系统；

⑬ 安防及摄像监控系统；

⑭ 家庭影院系统；

⑮ 电动窗帘、电动遮阳篷系统；

⑯ 远程网络遥控系统等。

部分产品概要如下：

1. 智能灯光控制系统

智能灯光控制系统如图 10-2 所示。

智能灯光控制系统

采用顶级的ZigBee芯片
稳定/可靠/功能强大

小微网关
GW322

单键开关控制器
LG331

双键开关控制器
LG332

三键开关控制器
LG333

四键开关控制器
LG334

产品优势

外观精美，简约大方。手机App同步，实时查看家里灯光开关状态，并带双向反馈功能。按键控制、支持远程控制、多种场景控制。一键到四键灯光控制面板，满足各种需求。

图 10-2 智能灯光控制系统

2. 智能传感联动系统

智能传感联动系统如图 10-3 所示。

智能传感联动系统

采用顶级的ZigBee芯片
稳定/可靠/功能强大

空气盒子
SE313

门窗磁
SP305

空调

ZigBee

浸水传感器
SP304

风雨传感器
SE002

新风

小微网关
GW322

可燃气体探测器
SP302

人体红外传感器
SP311

灯泡

产品优势

通过接口控制器(DI) 接口无源的干接点信号转换成ZigBee信号;通过网关将ZigBee信号转换为接口控制器(DO) 接口无源的干接点信号。

接口控制器(DO)按键可在ZigBee网络中通过其他场景开关、遥控器来学习其他功能; 接口控制器(DI)输入可在移动终端上添加ZigBee网络种灯光开关、窗帘开关、多功能控制器、智能插座等关联设备。

空气盒子全天24小时实时持续监测。精度高, 全部采用进口传感器, 能同时检测甲醛、湿度、温度、$PM_{2.5}$。手机App同步, 实时查看家里环境质量, 数据永久保留。声光警号, 让您第一时间收到报警讯息。

图 10-3 智能传感联动系统

3. 智能安防监控系统

智能安防监控系统如图 10 - 4 所示。

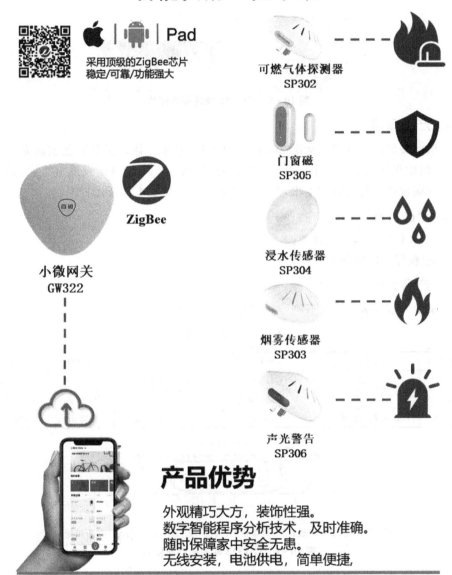

图 10 - 4　智能安防监控系统

10.3　小微网关 GW322

GW322 是智慧生活网关,如图 10-5 所示是实物照片。

图 10-5　GW322 网关实物照片

1. 产品概述

小微网关采用全球统一标准 ZigBee 2.4 GHz 技术。该产品是智能家居系统的核心产品,组建和管理家庭智能化系统网络。协调 ZigBee 2.4 GHz 无线自组网信号,管理各个末端设备运行及数据上报,并可支持客户端软件的本地及远程控制。

2. 产品特点

- App 软件数据交互管理;
- 远程服务器数据交互管理。

3. 产品参数

网关的参数如表 10-1 所列,功能如图 10-6 所示。

表 10-1　网关的参数

参数名称	产品型号	外观尺寸	工作电压	工作功耗	工作温度
参　数	GW322	123 mm×120 mm×35.2 mm	DC 5 V	≤1.5 W	0~55 ℃
参数名称	通信方式	数据传输速率	发射功率	接收灵敏度	组网距离
参　数	ZigBee 双向通信	250 Kb/s	8 dBm	−102 dBm	400 m

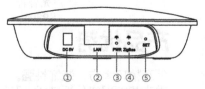

①—电源线;②—网线;③—电源指示灯;④—ZigBee 指示灯;⑤—设置按键

图 10-6　GW322 网关的功能图示

10.4　百微智能家居系统软件产品使用说明

1. 产品概述

百微智能家居系统的所有产品都是基于国际标准化的 ZigBee 无线技术,家庭住宅所有用电设备都将通过一个家庭网关集成在一起,用户只需要一个客户端软件就可以随时随地掌控家里的一切。

百微智能家居系统的客户端软件采用线性、扁平化 UI 设计,界面简单美观,同时支持 iOS(支持 iOS 7.0 及以上)和 Android(支持 Android 4.0 及以上),iOS 客户端软件只适配 iPhone 设备,Android 客户端软件能够适配市场上 90% 的安卓机型。V3.1 系统与 V3.0 系统相比,新增终端控制器、温控器、无线声光警号等 ZigBee 设备,又集成了小白机器人、魔镜、猫眼等设备,进一步扩展了系统,对系统进行了优化,使系统更加稳固。

2. 软件下载安装、更新及卸载

(1) iOS 客户端软件

iOS 客户端软件可在 App Store 中搜索关键字"天诚百微"下载安装,如图 10 - 7、图 10 - 8 所示。当 App 有更新时,用户每次登录时都会被提示安装更新,建议用户及时更新。如果软件卸载,将删除所有缓存数据。

图 10 - 7　天诚百微 App 界面 1

图 10 - 8　天诚百微 App 界面 2

(2) Android 客户端软件

Android 客户端软件可在百度手机助手搜索关键字"天诚百微"或在百微公众号单击"下载 App"即可下载安装,当 App 有更新时,用户每次登录时都会被提示安装更新,建议用户及时更新。如果软件卸载,将删除所有缓存数据。

3. 用户注册及使用

(1) 用户注册

客户端软件安装成功后,即可进行用户注册,如图 10-9 所示。

图 10-9 天诚百微 App 注册界面

(2) 网关绑定

新注册的用户,"我的设备"为空,这需要绑定网关,本地搜索需要局域网,如图 10-10 所示。

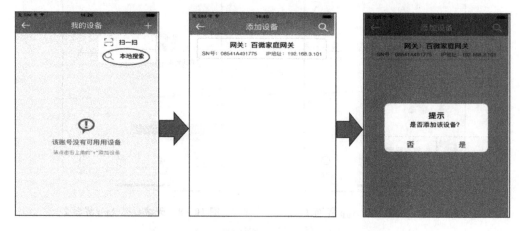

图 10-10 天诚百微 App 添加绑定网关界面

(3) 网关登录

网关绑定成功后,即可登录网关,如图 10-11 所示。登录网关成功后,我们就可以添加智能家居设备了。

图 10-11 天诚百微 App 添加设备界面

4. 模块介绍

百微智能家居客户端软件分为三大模块，分别为：首页、消息、我的，如图 10-12 所示。

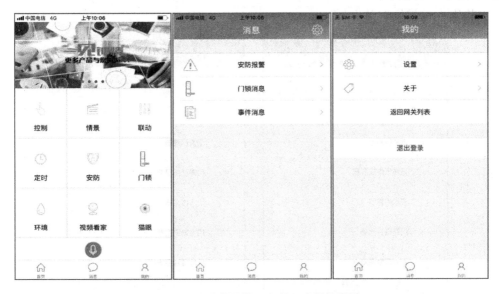

图 10-12 天诚百微 App 的三大模块界面

(1) 首 页

在控制模块中可以控制照明、遮阳、电源、情景、家电、暖通、背景音乐等设备，所有设备都在"我的"→"设置"→"设备管理"中添加，房间在"我的"→"设置"→"房间管理"中管理，如图 10-13 所示。

图 10 - 13　天诚百微 App 的客厅界面

（2）家庭安防模块

在家庭安防模块可切换四个防区,防区里各个安防设备的布防、撤防状态一目了然,如图 10 - 14 所示。

其他 App 模块不在此介绍。

图 10 - 14　天诚百微 App 的家庭安防界面

10.5　百微智能家居系统产品使用

百微智能家居系统的所有产品之间的通信均采用国际标准化的 ZigBee 无线技术。

ZigBee 技术优势：是一种低速短距离传输的无线网络协议。ZigBee 协议从下到上分别为物理层（PHY）、媒体访问控制层（MAC）、传输层（TL）、网络层（NWK）、应用层（APL）等。其中，物理层和媒体访问控制层遵循 IEEE802.15.4 标准的规定。ZigBee 网络的主要特点是低功耗、低成本、低速率、支持大量节点、支持多种网络拓扑、简单、快速、可靠、安全。ZigBee 网络中设备可分为协调器（Coordinator）、路由节点（Router）、终端节点（End device）等三种角色。ZigBee 技术的低功耗、低成本和组网能力强，具有无可比拟的应用优势。

低成本：ZigBee 无线系统具有无线传输、自组网、双向通信等技术特点，与传统的总线型智能产品相比，不需要额外布线，从而节省了管线设计、施工、安装等一大笔费用，避免了后装市场的房屋改造成本。

安装方式简单：基于无线传输的特点，天诚 ZigBee 产品无须在设备间额外安装通信电缆，便可在设备之间传播信号；双向通信的特点又能使信号穿透房屋中的信号阻碍，如剪力墙、家具等。在安装过程中只需要更换传统的开关就可立即实现对灯光、电动窗帘等电器的智能控制，任何一个非专业的电工都能熟练操作，为后面的售后服务打下坚实的基础。

高稳定性：在低信噪比的环境下，ZigBee 具有很强的抗干扰性能，在相同的环境下，ZigBee 抗干扰性能远远好于蓝牙和 Wi-Fi。

可扩展性强：ZigBee 系统无须重新布线，也不需要专门的软件就可以简单地实现增加或去除设备，如灯、窗帘控制器等，用户后续升级智能系统非常方便。

系统集成性强：由于 ZigBee 技术是采用全球通用的协议标准，可以对众多家电设备、暖通设备、安防设备、影音设备集成控制，纳入 ZigBee 智慧家庭系统中来集中管理，并使用便于携带的终端设备，随时随地进行控制。

平台的兼容性强：天诚智能化小区解决方案可与楼宇对讲平台兼容，利用已有的宽带网络数据传输平台，以语音通信、视频通信和数据通信为基础手段，通过各种终端设备，向小区业主提供双向语音、视频的网络 IP 电话、联动报警、远程监控、网络门禁等多种信息化服务，向小区物业部门提供信息发布、背景音乐、自动抄表等集成化管理服务。

V3.1 系统与 V3.0 系统相比，增加了终端控制器、温控器、无线声光警号等 ZigBee 设备，集成了小白机器人、魔镜、猫眼等设备，进一步扩展了系统，并且对系统进行了优化，使系统更加稳固。

系统产品组网调试说明如下：

1.　网　关

按照网关说明书将网关的电源和网线正确连接，待系统正常运行，如图 10-15 所示，系统正常运行的特征如下：

① 电源指示灯常亮；

② 组网指示灯无任何指示；

③ 系统运行指示灯处于闪烁状态后，长按 Set 按键 3 s（长按 Set 按键 10 s 直至②组网指示灯从快闪到慢闪，然后松开后常亮一下，可使网关恢复出厂设置。恢复出厂设置对网关产生的变化是：清除 ZigBee 网络、清除网关设备数据，但网关的用户数据无法清除，如要清除，请联系技术支持）后松开，可见②组网指示灯以 16 Hz 的频率闪烁（快闪），表示网关正在新建一个 ZigBee 网络（如发现该灯在快闪过程中出现短暂熄灭和短

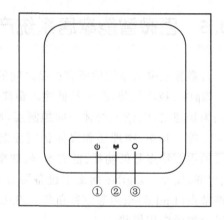

图 10 - 15　天诚百微的网关面板指示灯

暂常亮属正常现象），待②组网指示灯进入 4 Hz 的频率闪烁时（慢闪），表示网关新建 ZigBee 网络成功，并允许其他设备加入这个 ZigBee 网络，这时该 ZigBee 网络中只加入了网关一个设备，一段时间后，②组网指示灯熄灭。

下面就可以通过客户端软件对系统进行调试。

2. 安防类设备

(1) 可燃气体探测器

可燃气体探测器为探测可燃气体的传感器，为用户的人身、财产安全提供可靠的保障，可设置联动功能（联动功能已在《软件产品使用说明》中阐述，这里不再赘述），当燃气发生泄漏时，燃气探测器开始工作，它将危险信号传递给网关，网关一方面通过远程通知用户，另一方面命令可执行设备执行相应的应急措施，阻止危害的发生。

调试步骤如下：

按照《软件产品使用说明》将客户端软件进入调试页面，即【我的】→【设置】→【设备管理】，单击【允许入网】进入 250 s 入网倒计时。

长按可燃气体探测器的组网键（见《硬件产品说明书》）10 s 直至指示灯以 16 Hz 的频率快闪，待指示灯以 4 Hz 频率慢闪时，表示入网成功，这时可见客户端软件上有新的显示，现在就可对其进行自由编辑了，如图 10 - 16 所示。

我们规定在入网时，同时入网的设备不可超过 20 个。

(2) 烟雾探测器

烟雾探测器为探测烟雾的传感器，为用户的人身、财产安全提供可靠的保障，可设置联动功能（联动功能已在《软件产品使用说明》中阐述，这里不再赘述），当发生火警险情时，烟雾探测器开始工作，它将危险信号传递给网关，网关一方面通过远程通知用户，另一方面命令可执行设备执行相应的应急措施，阻止危害的发生。

其他产品在这里就不一一介绍了。

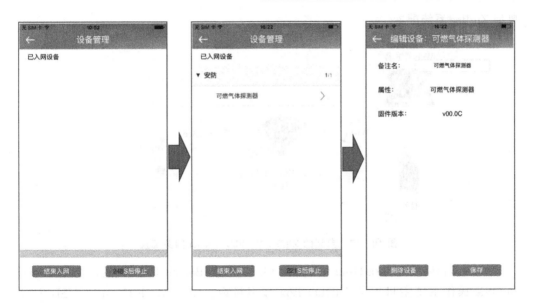

图 10 - 16　安防类设备入网配置

10.6　ZigBee 网关概念与设计

家庭智能网关是家居智能化的核心,通过它实现系统信息的采集、信息输入、信息输出、集中控制、远程控制、联动控制等功能。

这里介绍 Silicon 公司的 ZigBee 网关参考设计,详见参考文献[13]。

ZigBee 网关参考设计用户指南 RD-0001-0201 是 ZigBee Wi-Fi/Ethernet(以太网)网关参考设计,RD-0002-0201 是 ZigBee USB 虚拟网关参考设计,旨在通过 Silicon Labs ZigBee 参考设计演示 ZigBee 协调器功能。

软件部分分为三个软件组件:

① Z3 Gateway Mqtt 应用程序;

② Node JS Server 应用程序;

③ React JS Front - End 应用程序。

10.6.1　介　绍

Wi-Fi/Ethernet 网关运行在带有 Raspbian Linux 和 ZigBee NCP(Network Co-Processor,网络协处理器)的 Raspberry Pi 2(树莓派 2)计算机上。CEL (California Eastern Laboratories,加州东部实验室)的 Mesh Connect USB Stick NCP 包含在工具包中,但是,可以使用 EFR32 Mighty Gecko Wireless Starter kit(如 SLWSTK6000A)来代替 CEL Mesh Connect USB Stick NCP。网关包括 Wi-Fi 访问点和桌面或移动 Web 浏览器提供用户界面的 Web 服务器。Web 浏览器可以在通过 Wi-Fi 或有线局域网(LAN)连接的设备上运行。如图 10 - 17 所示是使用 ZigBee Wi-Fi/Ethernet 网关的

典型 ZigBee 系统配置。

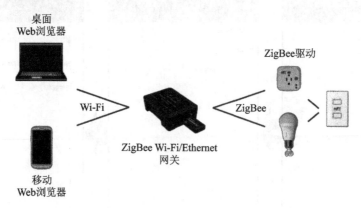

图 10－17　典型的 ZigBee Wi-Fi/Ethernet 网关配置

　　USB 虚拟网关运行在 Ubuntu Linux 16.04 和 ZigBee NCP 上，可运行在 Windows 和 OSX 操作系统主机上的 Virtual Box 虚拟机内。CEL Mesh Connect USB Stick NCP 包含在工具包中，但是，可以使用 EFR32 Mighty Gecko Wireless Starter Kit（如 SLWSTK6000A）来代替 CEL Mesh Connect USB Stick NCP。网关使用主机 Wi-Fi 的客户端，包括向桌面或移动 Web 浏览器提供用户界面的 Web 服务器。Web 浏览器可以在 Virtual Box 虚拟机上运行，也可以在通过 LAN（Local Area Network，局域网）连接的设备上运行。具有虚拟网关的典型 ZigBee 系统配置如图 10－18 所示。

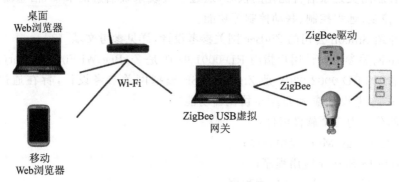

图 10－18　典型的 ZigBee 虚拟网关配置

10.6.2　安装和配置

　　ZigBee Wi-Fi/Ethernet 网关（RD-0001-0201）在树莓派计算机上运行，ZigBee USB 虚拟网关（RD-0002-0201）在 Ubuntu Linux 16.04 操作系统（OS）上本机运行，或者在 Windows 或 OSX 操作系统主机中的 Virtual Box 虚拟机的 Ubuntu Linux 16.04 上运行。以下说明了如何在 CEL 的 Mesh Connect USB Stick（包括）或 Silicon Labs 的 EFR32 Mighty Gecko Wireless Starter Kit（SLWSTK6000A）（可选）上安装网关软件和更新网络处理器（NCP）软件。

1. 支持四种配置

① 运行 Raspbian 操作系统的树莓派和 CEL 的 Mesh Connect USB Stick(配置为 RD-0001-0201);

② Ubuntu Linux 16.04 操作系统和 CEL 的 Mesh Connect U USB Stick(配置为 RD-0002-0201);

③ 运行 Raspbian 操作系统的树莓派和 Silicon Labs 的 EFR32 Mighty Gecko Wireless Starter Kit (SLWSTK6000A)套件;

④ Ubuntu Linux 16.04 操作系统和 Silicon Labs 的 EFR32 Mighty Gecko Wireless Starter Kit (SLWSTK6000A)套件。

对于 Windows 和 OSX 用户,提供了在 Windows 或 OSX 操作系统主机中的 Virtual Box 虚拟机里的配置运行 Ubuntu Linux 16.04 操作系统说明。

2. 为树莓派安装网关和 Raspbian 操作系统

如果购买了 ZigBee Wi-Fi/Ethernet 网关(RD-0001-0201),请按照以下说明操作:

① 在 SD(Secure Digital Memory Card,安全数字存储卡)卡上安装 Raspbian Jessie Lite 操作系统,如下所述:https://www.raspberrypi.org/downloads/raspbian/。

注意:上面提供的链接指向最新版本的 Raspbian Jessie。但是,由于驱动程序的要求,必须使用 5-31-16 版本,并且可以下载:http://downloads.raspberrypi.org/raspbian_lite/images/raspbian_lite-2016-05-31/。

② 用以太网电缆将 Raspberry Pi 以太网端口连接到 Internet(互联网),连接 HDMI(High Definition Multimedia Interface,高清多媒体接口)监视器并连接键盘。将 SD 卡安装到树莓派中并打开电源。

③ 使用 username=pi 和 password=raspberry 登录,更改密码,如果需要,展开文件系统并更改键盘配置:

```
$ passwd
$ sudoraspi-conf
```

④ 运行以下命令安装 ZigBee 网关和 Wi-Fi 访问点软件包:

```
$ sudochmod 666 /etc/apt/sources.list
$ sudo echo debhttp://devtools.silabs.com/solutions/apt jessie main >>/etc/apt/sources.list
$ sudo apt-key adv --keyserver keyserver.ubuntu.com --recv-keys 90CE4F77
$ sudo apt-get update
$ sudo apt-get install silabs-zigbee-gateway
$ sudo apt-get install silabs-networking
$ sudo reboot
```

3. 在 Windows 或 OSX 主机操作系统上的虚拟机中安装 Ubuntu Linux 16.04 操作系统

如果购买了 ZigBee 虚拟网关 RD-0002-0201,请按照以下说明操作。如果更喜欢为 Ubuntu Linux 16.04 本地运行 ZigBee 虚拟网关,可以跳到"4. 在 Ubuntu Linux

16.04 操作系统上安装网关"。

(1) 准备安装

① 在这里下载并安装 Virtual Box：https://www. VirtualBox. org/wiki/Downloads，接受安装驱动程序的请求。

② 在这里下载 Ubuntu Linux 16.04 ISO 镜像：http://www. Ubuntu. com/Download。

③ 在一个的 USB 端口中插上 CEL Mesh Connect USB Stick(包括在工具包中)或可选的 Silicon Labs EFR32 Mighty Gecko Wireless Starter Kit(SLWSTK6000A)。

(2) 创建虚拟机

① 启动 Virtual Box。

② 在 Virtual Box 管理器菜单上，单击 New(新建)按钮，如图 10 - 19 所示。

图 10 - 19　Virtual Box Manager Menu(管理器菜单)

③ 创建具有以下设置的虚拟机：

选择名称：Ubuntu Linux 16.04；

选择类型：Linux；

根据您的系统选择版本：Ubuntu(64 位)或 Ubuntu(32 位)；

选择内存大小至少 1 024 MB，然后单击 Create(创建)按钮。

④ 创建虚拟硬盘：

选择 Create a virtual hard disk now(立即创建虚拟硬盘)，然后单击 Next 按钮；

选择 VDI 并单击 Next 按钮；

选择 Dynamically allocated(动态分配)，然后单击 Next 按钮；

选择 25 GB 或更大的容量，然后单击 Create 按钮。

(3) 配置网络

① 选择虚拟机；

② 在 Virtual Box 管理器菜单上，单击 Settings (设置)按钮，如图 10 - 20 所示；

图 10 - 20　Virtual Box Manager Settings (管理器设置)

③ 在 Settings 对话框中，选择 Network(网络)选项，如图 10 - 21 所示；

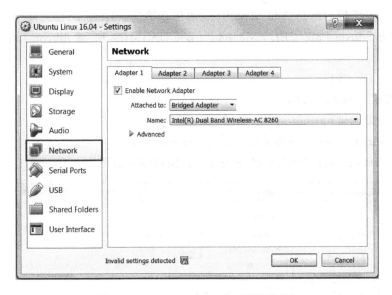

图 10 - 21　Network Settings(网络设置)

④ 检查 Enable Network Adapter(启用网络适配器);

⑤ 对于 Attached to(连接到):选择 Bridged Adapter(桥接适配器);

⑥ 对于 Name(名称):选择 host adapter(主机适配器);

⑦ 单击 OK 按钮。

(4) 配置 USB 设备

① 选择虚拟机;

② 在 Virtual Box 管理器菜单上,单击 Settings 按钮;

③ 在 Settings 对话框中,选择 USB 选项,如图 10 - 22 所示;

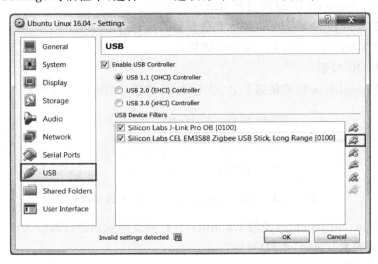

图 10 - 22　USB Settings(USB 设置)

④ 单击对话框右侧的 Add new filter(添加新筛选器)图标;

⑤ 检查 Silicon Labs CEL EM3588 ZigBee USB stick 和/或 Silicon Labs J‐Link PRO;

⑥ 单击 OK 按钮。

(5) 安装 Ubuntu 16.04

① 选择虚拟机;

② 在 Virtual Box 管理器菜单上,单击 Settings 按钮;

③ 在 Settings 对话框中,选择 Storage(存储)选项,如图 10‐23 所示;

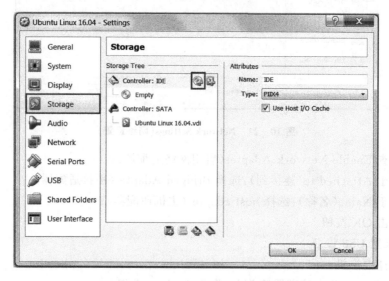

图 10‐23　Storage Settings(存储设置)

④ 选择 Controller IDE(控制器 IDE);

⑤ 单击 Add Optical Drive(添加光盘驱动器)图标;

⑥ 选择 Ubuntu Linux 16.04 ISO 映像;

⑦ 单击 OK 按钮;

⑧ 在 Virtual Box 管理器菜单上,单击 Start 按钮,如图 10‐24 所示;

图 10‐24　Virtual Box Manager Start(管理器启动)

⑨ 选择 Install Ubuntu(安装 Ubuntu),并按照安装说明进行操作。

(6) 配置来宾(Guest)添加(可选)

从【虚拟机】菜单中,选择 Devices→Insert Guest Additions(设备→插入来宾添加),然后按照安装说明进行操作。

弹出来宾添加 CD 后,配置主机/来宾文件共享(可选):

① 选择虚拟机;

② 在 Virtual Box 管理器菜单上,单击 Settings 按钮;

③ 单击 Shared Folders(共享文件夹)并指向主机 OS 驱动器上的共享文件夹;

④ 单击 Automount;

⑤ 单击 Make Permanent(永久化)按钮;

⑥ 单击 OK 按钮两次;

⑦ 从虚拟机上打开一个终端并输入以下内容:

```
$ sudousermod - a - G vboxsf <username>
$ sudo reboot
```

共享驱动器将在虚拟机的/media 目录中找到。

(7) 确认网络已连接

确认【网络连接】图标如图 10 - 25 所示。

图 10 - 25　Verify Network Connection(网络连接)

(8) 验证是否发现了 USB NCP

① 从 Virtual Box 管理器菜单中,选择 Devices→USB(设备→USB);

② 如图 10 - 26 所示,确认所需的 USB 设备已被发现(发现的设备用复选标记)。

注意:这两个 NCP 选项都显示为演示目的,应仅选择其中一个选项。

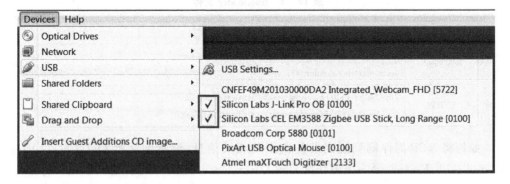

图 10 - 26　Verify USB NCP Device is Captured(确认 USB NCP 设备发现)

4. 在 Ubuntu Linux 16.04 操作系统上安装网关

如果您购买了 ZigBee 虚拟网关 RD - 0002 - 0201,请按照以下说明操作。

运行以下命令安装 ZigBee 网关:

```
$ sudo add-apt-repository http://devtools.silabs.com/solutions/apt
$ sudo apt-key adv -- keyserver keyserver.ubuntu.com -- recv-keys 90CE4F77
$ sudo apt-get update
$ sudo apt-get install silabs-zigbee-gateway
$ sudo reboot
```

5. 安装 USB ZigBee 适配器 NCP 软件

NCP 软件可以通过两种方法安装或更新。第一种方法是,使用调试器,例如 ISA3(用于 EM3588 的 CEL Mesh Connect USB Stick)或 SLWSTK6000A(具有板载调试器),并使用 Simply Studio 直接烧写设备。第二种方法是,如果安装了引导加载程序,则从控制台更新 NCP。**注意**:不能将 SLWSTK6000A 用作 CEL Mesh Connect USB Stick 的调试器。

(1) 从 Simplicity Studio 烧写

预编译的 ZigBee NCP 固件和 Bootloader 文件与 ZigBee 网关文件系统一起分发。这些文件可以通过诸如 Win SCP 或 scp 之类的实用程序从网关传输到主机。NCP 编程文件可在 ZigBee 网关文件系统中找到,如表 10-2 所列。

表 10-2　NCP 文件

Device	NCP 编程文件
EM3588	/opt/siliconlabs/zigbeegateway/firmware/ncp-uart/em3588/\ ncp-uart-xon-xoff-use-with-serial-uart-btl-5.10.0.s37
EFR32	/opt/siliconlabs/zigbeegateway/firmware/ncp-uart/efr32mg1p232f256gm48/\ncp-uart-rts-cts-use-with-serial-uart-btl-5.10.0.s37

Bootloader 引导加载程序文件在 ZigBee 网关文件系统中提供,如表 10-3 所列。

表 10-3　Bootloader 文件

Device	Bootloader 文件
EM3588	/opt/siliconlabs/zigbeegateway/firmware/ncp-uart/serial-uart-bootloader.s37
EFR32	/opt/siliconlabs/zigbeegateway/firmware/ncp-uart/efr32mg1p232f256gm48/serial-uart-bootloader.s37

如何将 NCP 固件刷到适当芯片组上的相关信息,请参阅文献 *QSG106*:*Getting Started with Ember ZNet PRO*(见 silabs.com/documents/public/quick-start-guides/qsg106-efr32-zigbee-pro.pdf)。**重要提示**:在编程前应清除设备。

(2) 从控制台烧写

如果安装了引导加载程序,则可以从控制台更新 NCP 软件。注意:所有与 ZigBee 网关 RD-0001-0201 和 ZigBee 虚拟网关 RD-0002-0201 一起提供的 CEL Mesh Connect USB Sticks 都安装了引导加载程序。如果没有引导加载程序,则需要另外获取 CEL

Mesh Connect USB Stick,或者如果第一次使用 EFR32 Mighty Gecko Wireless Starter Kit SLWSTK6000A,则需要安装引导加载程序。

1) 从控制台烧写(CEL Mesh Connect USB Stick)

停止 ZigBee gateway 应用程序,扫描以确定 NCP 端口,并烧写 NCP 软件。一定要为扫描返回指定正确的端口进行烧写操作(/dev/ttyUSB0 用作下面的示例)。更新固件时,USB stick 上的红色 LED 将闪烁。

```
$ sudo service siliconlabsgateway stop
$ cd /opt/siliconlabs/zigbeegateway/
$ sudo python tools/ncp-updater/ncp.py scan
$ sudo python tools/ncp-updater/ncp.py flash -p /dev/ttyUSB0 -f firmware/ncp-uart/
em3588/*.ebl
$ sudo reboot
```

2) 从控制台烧写(EFR32 Mighty Gecko Wireless Starter Kit SLWSTK6000A)

停止 ZigBee 网关应用程序,扫描以确定 NCP 端口,并烧写 NCP 软件。一定要为扫描返回指定正确的端口进行烧写操作(/dev/ttyACM0 用作下面的示例)。固件更新时将没有可见指示。

```
$ sudo service siliconlabsgateway stop
$ cd /opt/siliconlabs/zigbeegateway/
$ sudo python tools/ncp-updater/ncp.py scan
$ sudo python tools/ncp-updater/ncp.py flash -p /dev/ttyACM0 -f firmware/ncp-uart/
efr32mg1p232f256gm48/*.ebl
$ sudo reboot
```

10.6.3　运行网关

如果使用 ZigBee Wi-Fi/Ethernet 网关(RD-0001-0201),请打开网关硬件电源,使用手机或笔记本电脑,并使用密码 solutions 连接到 Wi-Fi SSID"Silicon Labs xxxx",如图 10-27 所示。然后,打开一个 Web 浏览器并浏览到 192.168.42.1 以访问网关用户界面。如果使用 ZigBee 虚拟 USB 网关(RD-0002-0201),请打开 Virtual Box 并启动 Ubuntu 虚拟机。然后,打开 Firefox Web 浏览器并浏览到 localhost 以访问网关用户界面。

图 10-27　**Wireless Network Connections(Windows)(无线网络连接)**

下面介绍网关用户界面选项卡及其功能。

1. 安装程序

在设置选项卡的 Network Maintenance(网络维护)部分,确认 ZigBee3.0 Network:Up(ZigBee3.0 网络:向上)。第一次启动时,随机分配 Pan ID,通道设置为 14,功率设置为 20 dBm,并且选择 ZigBee3.0 Security for Network Reform(ZigBee3.0 安全网络)。所有设置都将在下次启动时保存和还原。Pan ID 是 16 位数字,以十六进制格式表示,信道可以设置为任何有效的 ZigBee 信道(11~26),有效功率电平范围为 −20~20 dBm。注意范围检查是强制的。

更改 ZigBee3.0 网络配置,打开 ZigBee3.0 Security for Network Reform Reform (ZigBee3.0 安全网络) 和 Reform ZigBee3.0 Network(ZigBee3.0 网络),如图 10 - 28 所示。要设置 Pan ID、Channel(信道)和 Power(电源),请单击 Reform ZigBee 3.0 Network 旁边的 Extended Network Form Settings 图标。

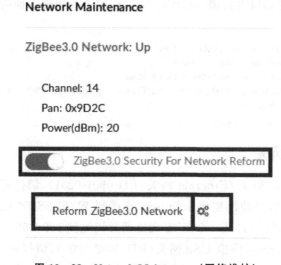

Network Maintenance

ZigBee3.0 Network: Up

Channel: 14
Pan: 0x9D2C
Power(dBm): 20

ZigBee3.0 Security For Network Reform

Reform ZigBee3.0 Network

图 10 - 28　**Network Maintenance**(网络维护)

要更改网络配置为 ZigBee HA 网络,请关闭 ZigBee3.0 Security for Network Reform 旁边的开关和 Reform HA Network 如图 10 - 29 所示。要设置 Pan ID、Channel (信道)和 Power(电源),请单击 Reform HA Network 旁边的 Extended Network Form Settings 图标。

选择＋ZigBee HA Device、＋ZigBee3.0 Device 或＋ZigBee3.0 Device(仅安装代码)启动所需设备的网络连接过程。

在 ZigBee 上连接 ZigBee HA 设备时 3.0 条网络,设备将允许加入 120 s,然后发送离开请求。请注意,如果在 120 s 超时之前选择了 Disable Joining(禁用加入),则不会发送离开请求。

使用 ZigBee3.0 安装代码时,输入的设备 EUI 和安装代码必须与所需设备的 EUI

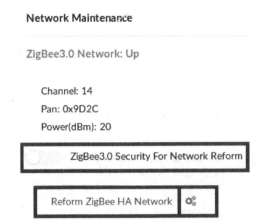

图 10 - 29 **ZigBee HA Network Maintenance(ZigBee HA 网络维护)**

和安装代码匹配。EUI 和 install 代码是 16 字节的数字,以十六进制格式表示。有关创建和刷新 Silicon Labs 的更多信息,请参阅以下内容使用 ZigBee3.0 安装代码参考设计:

- http://community. silabs. com/t5/Mesh-Knowledge-Base/Z3-network-join-with-install-code-derived-link-key/ta-p/191924
- http://www. silabs. com/documents/public/application-notes/AN714-Smart-EnergyECCEnabledDeviceSetupProcess. pdf

要进入 Silicon Labs 照明参考设计的连接模式,请快速按 S1 10 次,接触式传感器按 S1 1 s 以上,调光开关按 S3 1 s 以上,占用式传感器按 S1 1 s 以上,插座按前按钮 3 s 以上。有关每个设备的其他信息,请参见《用户指南》。设备将以其名称、端点、唯一设备 ID 和状态显示在列表中。该名称由每个设备报告,并且在设备每次加入 ZigBee 网络时分配唯一的设备 ID。

如果设备在网络上并与网关通信,则其状态将标记为 joined(已加入)。而没有响应的设备将被标记为 unresponsive(无响应)。通过选择设备旁边的"×"发送离开网络的请求,如果设备没有响应,则会标记为 leave sent(离开已发送)。由于设备处于休眠、关闭或超出范围,它们可能会变得无响应或指示已发送离开。当设备唤醒、打开或返回范围时,无响应的设备将被标记为 joined(已加入),而标记为 leave sent(离开)的设备将从设备列表中删除。

RD-0030-0201:ZigBee 接触式传感器参考设计,将指示打开/关闭状态、活动/报警状态、温度和连接/离开发送/无响应状态。当状态改变时,触点传感器立即发送打开/关闭状态,以指示磁铁是离开(打开)还是接近(关闭)簧片开关。当按下按钮 S1 超过 4 s 并释放篡改报警时,状态改变,触点传感器立即发送报警状态,如图 10 - 30 所示。

RD-0020-0601,RD-0035-0601,RD-0085-0401:ZigBee 照明演示板参考设计,将显示一个切换按钮,用于切换灯光状态并指示加入/离开/无响应状态。toggle 按钮发

图 10-30　Attached Devices(连接的设备)

送 ZCL 切换命令。

RD-0039-0201:ZigBee 电容式调光开关参考设计,将显示连接/离开/无响应状态。

RD-0078-0201:ZigBee 感应传感器参考设计,将指示感应或未感应状态、温度、连接/离开/无响应状态。

RD-0051-0201:ZigBee 智能插座参考设计,将提供一个切换按钮,用于切换插座的状态,并指示连接/离开/无响应状态。toggle 按钮发送 ZCL 切换命令。

网关允许用户创建将一个设备绑定到另一个设备的规则。要创建规则,请单击＋Set Rule(设置规则)按钮,选择所需的输入节点和输出节点,然后单击 Bind(绑定)按钮。可以为输入节点和输出节点设置多个规则。如果两个输入节点向一个输出节点发送命令,则按接收的顺序执行命令。可以使用设备旁边的"×"单独删除规则,也可以通过单击 Clear Rules(清除规则)按钮删除所有规则,如图 10-31 所示。

图 10-31　Device Binding Rules(设备绑定规则)

2. 主　页

"主页"选项卡设置信息,并使用 Show Extended Info(显示扩展信息)按钮提供扩展信息。可调色光照明灯,增加开/关、调光、色温和色调/饱和度控制;感应传感器,增加光强和相对湿度;插座增加开/关、所用功率、光强、相对湿度、温度、有效电压、有效电流和有功功率,如图 10 - 32 所示。

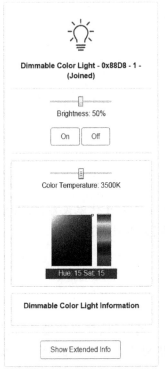

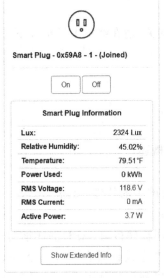

图 10 - 32　Home Tab（主页）

扩展信息包括：
- 节点 EUI；
- 网关 EUI；
- 节点状态(已加入、已离开、无响应)；
- 固件版本；
- 固件映像类型；
- 制造商 ID；
- 发送的 OTA 字节；
- 更新指示器(通过 OTA)；
- 端点 1 设备 ID；
- 可用的 OTA 图像列表。

可用的 OTA 更新图片位于以下位置：

/opt/siliconlabs/zigbeegateway/ota_staging

注意：对于非休眠设备，OTA 更新过程大约需要 10 min；而对于休眠设备，则需要几小时。在开始 OTA 更新过程之前，只有一个设备应该在【附加设备】列表中。

3. 诊　断

【诊断】选项卡提供高级日志记录选项。

4. 关　于

About 选项卡显示所有版本，并显示 Web 服务器 IPv4 地址，以便将移动手持设备、平板电脑或其他计算机连接到网关。它还显示已安装网关应用程序的版本以及 NCP 固件版本。

5. 关　机

要正确关闭网关和虚拟网关，请在终端上发出以下命令：

```
$ sudo shutdown - h now
```

10.6.4　软件组件

1. 软件组件包括

① ZigBee 网关软件架构概述；

② 发行说明；

③ 如何获取、编译和运行网关的软件组件；

④ 每个软件组件的亮点；

⑤ 关键软件组件之间应用程序接口(API)的详细信息。

Silicon Labs 开发的网关参考设计旨在通过几个 Silicon Labs ZigBee 参考设计演示 ZigBee 网关功能。客户可以利用软件平台的设计方式，开发自己的网关应用程序，只需进行最低程度的定制。

网关软件具有以下体系结构,如图 10 - 33 所示。

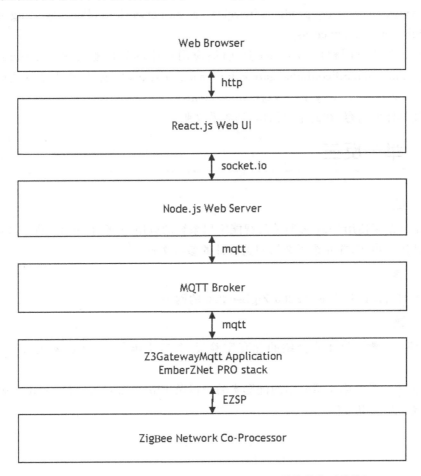

图 10 - 33　Software Application Diagram(网关软件体系结构)

2. 软件发行说明

Version 2.2.0-June 2017(版本 2.2.0—2017 年 6 月)。

新的 1726-ZigBee 3.0 支持被添加到网关引用应用程序软件中,并将其重命名为
Z3 Gateway Mqtt 等。

3. 开　始

软件分为三个软件组件:

* Z3 Gateway Mqtt 应用程序(Z3 Gateway Mqtt Application);
* 节点服务器应用(Node Server Application);
* React JS 前端应用程序(React JS Front-End Application)。

软件的二进制文件可以使用 linux apt package manager 获得。

Z3 Gateway Mqtt 应用程序的软件源代码可用作 Ember ZNet PRO 5.10.0 Zig-

Bee 堆栈分发的主机示例应用程序。有关如何访问 ZigBee 堆栈的更多信息,请参见 http://www.silabs.com/products/wireless/mesh-networking/Pages/getting-started-with-mighty-gecko-zigbee.aspx。

节点服务器应用程序和 React JS 前端应用程序的软件源代码在 github 上 https://github.com/SiliconLabs/gateway-management-ui,也安装在目标系统的/opt/siliconlabs/zigbeegateway/gatewaymanagement-ui。

后续具体的内容,在此不再给出,请参看文献。

10.7 举一反三

小 结

本章介绍了使用 ZigBee 网关的智能家居系统的应用,介绍了 Silibs 的 ZigBee 网关参考设计用户指南,并介绍了 2 篇网关设计的参考文献。

扩 展

思考如何设计基于 ESP8266 ZigBee 3.0 的网关。

习 题

1. 使用本教材第 4 章介绍的配套实验板、参考文献[13],完成网关设计及应用实验。

2. 使用本教材第 4 章介绍的配套实验板以及 ESP8266 或 ESP32,利用易微联,完成网关设计及应用实验。

参考文献

[1] 周柏宏,崔亚远,林涛.ZigBee3.0 轻松入门[M].北京:北京航空航天大学出版社,2021.

[2] 姜仲,刘丹.ZigBee 技术与实训教程[M].2 版.北京:清华大学出版社,2018.

[3] 姚仲敏,等.ZigBee 无线传感器网络及其在物联网中的应用[M].哈尔滨:哈尔滨工业大学出版社,2018.

[4] 胡瑛,廖建尚,曾赛峰.ZigBee 无线通信技术应用开发[M].北京:电子工业出版社,2020.

[5] 陈国嘉.智能家居:商业模式+案例分析+应用实战[M].北京:人民邮电出版社,2016.

[6] 王米成.智能家居:重新定义生活[M].上海:上海交通大学出版社,2017.

[7] 王彬,冯立华,王斌.物联网与智能家居[M].北京:电子工业出版社,2021.

[8] ZigBee Gateway Reference Design User's Guide.

[9] 周军.全屋互联:智能家居系统开发指南[M].北京:电子工业出版社,2021.

[10] 方娟.物联网应用技术:智能家居[M].北京:人民邮电出版社,2021.

[11] 杭州晶控电子有限公司编.教你搭建自己的智能家居系统[M].北京:机械工业出版社,2019.

[12] 成刚.一本书读懂智能家居核心技术[M].北京:机械工业出版社,2020.

[13] UG129:ZigBee Gateway Reference Design User's Guide (RD-0001-0201,RD-0002-0201). https://siliconlabs. my. site. com/community/s/contentversion/0681M00000EWTgsQAH/detail? language=en_US.